Verfahrenstechnik in Einzeldarstellungen

Herausgegeben von Dr.-Ing. J. Spangler und Dr.-Ing. W. Matz

10

Wärme- und Stoffaustausch in Arbeitsdiagrammen

auf projektiver Grundlage

Von

Dr.-Ing. Werner Matz

Mit 33 Aufgaben und 56 Abbildungen

Springer-Verlag Berlin Heidelberg GmbH
1960

ISBN 978-3-540-02613-6   ISBN 978-3-642-45951-1 (eBook)
DOI 10.1007/978-3-642-45951-1

Vorwort

Die in diesem Buche niedergelegten Ausführungen über den Wärme-
und Stoffaustausch in der Verfahrenstechnik sind bezüglich ihrer Darstellungsart auf der Geometrie der Lage und auf dem Begriff des
Doppelverhältnisses der Projektiven Geometrie aufgebaut. Es zeigt
sich, daß durch diese Methode insbesondere der Stoffaustausch zwischen zwei Phasen anschaulich dargestellt werden kann. Wie nutz-
bringend und allumfassend solche geometrischen Hilfsmittel sein
können und darüber hinaus neue Erkenntnisse zutage fördern, hat sich
bereits in dem von CLAPEYRON [1][1] eingeführten p-v-Diagramm, in
den von GIBBS [2], VAN DER WAALS [3], KORTEWEG [4], MOLLIER [5]
und BOŠNJAKOVIĆ [6] benutzten zeichnerischen Verfahren gezeigt.
Gerade das in der Geometrie der Lage [7] und in der Projektiven Geometrie [8] meistens nur für rein zeichnerische Zwecke benutzte „Vollständige Viereck" mit seinen harmonischen Beziehungen eignet sich
besonders dort gut, wo der Wärme- und Stoffaustausch zwischen zwei
Phasen vonstatten geht. Vielleicht mag nicht jeder Verfahrensingenieur
oder -chemiker sofort die Nützlichkeit der Anwendung dieser in dem
Buche verwendeten Methoden erkennen, weil ihm im Augenblick der
Vorteil nicht in klingender Münze angebbar erscheint. Ich möchte
hierzu die treffenden Worte unseres großen Nobelpreisträgers Prof.
OTTO HAHN erwähnen [9], die er über den Grund ausgesprochen hat,
warum sich der Mensch mit der Wissenschaft beschäftigt:

„Aber es gibt auch ein Wissenwollen, das unabhängig ist von solchen
zweckhaften Vorstellungen. Es muß auch den Wunsch geben, einfach
weiterzuwandern auf dem Wege, den Große vor uns gegangen sind,
und den Nachkommenden die Methoden wissenschaftlichen Erkenntnis-
triebes weiterzugeben ohne unmittelbaren Nützlichkeitsstandpunkt.
Ein Fortschritt wird schließlich immer erreicht, wenn vielleicht auch
nicht in klingender Münze angebbar. Meine eigenen Arbeiten führten
zu der Zerspaltung der chemischen Elemente Uran. Sie waren ohne
jeden Gedanken an eine praktische Verwertung durchgeführt worden.
Die weitere Folge war aber schließlich die Nutzbarmachung der Energie
der Atomkerne."

Ebenso sind das „Vollständige Viereck" der Geometrie der Lage und
die mit ihm eng verbundenen projektiven Beziehungen zwischen vier

---

[1] Die zwischen eckigen Klammern stehenden, kursiv gesetzten Ziffern beziehen
sich auf das Schrifttum am Ende des Bandes (s. S. 137).

harmonischen Punkten zunächst von rein geometrischer Natur und scheinen auf den ersten Blick nichts mit der Verfahrenstechnik gemein zu haben. Die großen Forscher auf dem Gebiet der Geometrie, wie DESARGUES [10], PONCELET [11], MÖBIUS [12], JACOB STEINER [13], CHASLES [14] und VON STAUDT [15], denen die Geometrie der Lage ihren reichen Inhalt, ihre fruchtbaren Methoden und ihren ebenso einfachen wie stolzen Aufbau verdankt, konnten nicht ahnen, daß mit dieser Darstellungsart eine Brücke geschlagen würde von der Geometrie über die Schwerpunktssätze der Mechanik sowie über den ersten und zweiten Hauptsatz der Thermodynamik hinweg zur Verfahrenstechnik der neuesten Zeit. Ich bin überzeugt, daß auch die im heterogenen Gebiet zwischen den Phasenkurven verlaufenden Vorgänge in der Darstellung mit dem Vollständigen Viereck deutlich zum Ausdruck kommen. Ehe im Kap. II die Darstellung des Wärme- und Stoffaustausches in Arbeitsdiagrammen eingehend behandelt wird, wird gewissermaßen zur Einführung in dieses Gebiet im Kap. I die technische Deutung des harmonischen Doppelverhältnisses bei den Kräften und Massen gebracht. Somit wird die Harmonie des Wärme- und Stoffaustausches aus der jedem Ingenieur geläufigen Harmonie der mechanischen Kräfte und Massen entwickelt. Ich habe mich bemüht, den vorgetragenen Stoff an zahlreichen Beispielen, wie sie in der Praxis offen oder in eingekleideter Form an den Ingenieur und Chemiker herantreten, ausführlich zu behandeln. Die im Buch gestellten Probleme werden sämtlich mit den einfachen Mitteln der Darstellung gelöst und bisweilen ganz neue, vorher im Text noch nicht erörterte Aufgaben durchgerechnet. Ich hoffe, mit den 33 Aufgaben und mit der Art und Weise ihrer Lösung das Buch lebendig und abwechslungsreich gestaltet zu haben. Die vorgetragene Theorie ist leicht verständlich und erfordert keine großen mathematischen Vorkenntnisse, so daß sowohl der forschende als auch der im Betrieb stehende Verfahrensingenieur und Verfahrenschemiker Nutzen daraus ziehen und schnell zu positiven Erkenntnissen gelangen kann.

Zum Schluß möchte ich dem Springer-Verlag für die schnelle Drucklegung, für sein Entgegenkommen und für die mustergültige Ausstattung des Buches meinen verbindlichsten Dank sagen. Vielleicht darf ich noch den Wunsch und die Hoffnung aussprechen, daß das Buch möglichst viele Freunde unter den Fachleuten der Wissenschaft und der Praxis finden möge.

Frankfurt (Main)-Hoechst, im Dezember 1959

Werner Matz

Inhaltsverzeichnis

Berichtigung

S. 19, 11. Zeile von oben: statt $B'D'$ **lies** $C'D'$
S. 79, Unterschrift zu Abb. 34: statt Hauptaufgabe **lies** Hauptgerade
S. 84, Abb. 38 oben: statt $v_1 = 1{,}21$ **lies** $v_1 = 1{,}15$
S. 92, 6. Zeile von oben: statt 40b **lies** 40

Matz, Wärme- und Stoffaustausch

Bezeichnungen

A $1/427 =$ Wärmeäquivalentzahl

$A\,\mathfrak{R}$ $1{,}99$ kcal/grad kmol

A Austauschpol

A, B, C Komponenten eines Dreistoffgemisches

c spezifische Wärme in kcal/kg °C

D Erzeugnisdestillatmenge in kg/h oder Mol/h

D Verstärkungspol

$AB/CB/AD/CD = -1$ harmonisches Doppelverhältnis von 4 Punkten A, B, C, D

F Wärmeübertragungsfläche in m²

F'_m die der Abtriebssäule zugeführte Flüssigkeitsmenge in kg/h oder Mol/h

G Gesamtdampfmenge in kg/h oder Mol/h

$G = J - TS$ Freie Enthalpie in kcal

i Enthalpie in kcal/kg

K Koeffizient $1/(1 + P_1/P_2)$

k Wärmedurchgangszahl in kcal/m² h °C

k Kondensationskurve

l Lageabstand

M Mischpol

m Massenteilchen

m_1 $k/q_1\,\gamma_1\,c_1$ in 1/m²

m_2 $k/q_2\,\gamma_2\,c_2$ in 1/m²

n Anzahl der Eckpunkte eines n-Ecks

$P,\ P_1,\ P_2, \ldots$ Parallelkräfte

Q_R die im Rücklaufkondensator entzogene Wärmemenge in kcal/h

$q_R = Q_R/D$

q_1 heiße Flüssigkeit (m³/h) in Phase I

q_2 kalte Flüssigkeit (m³/h) in Phase II

R Resultierende bei Kräften

R Rücklaufmenge in kg/h oder Mol/h

s Siedekurve

s Subtangente an Kurve $t = f(x)$

T absolute Temperatur in °K

t Temperaturen in °C

t_∞ Grenztemperatur (allgemein)

$(t_\infty)_e$ Grenztemperatur beim Gleichstrom

$(t_\infty)_0$ Grenztemperatur beim Gegenstrom

u Zulaufverhältnis F'_m/D

v Rücklaufverhältnis (allgemein)

$v_a = G/R$ amerikanisches Rücklaufverhältnis

$v_d = R/D$ deutsches Rücklaufverhältnis

$v_a = v_d/(1 + v_d)$

$x =$ Flüssigkeitskonzentration in Gew.-% oder Mol.-%

$y =$ Dampfkonzentration in Gew.-% oder Mol.-%

$z = (y - x_a)/(x - x_a)$ (s. Abb. 44)

Griechische Buchstaben

α, β, γ Intervalle in der Musik

$\alpha = [y(1-y)]/[x(1-x)] =$ Doppelverhältnis, Trennfaktor

$\gamma =$ spezifisches Gewicht in kg/m^3

$\varphi = m_2/m_1 = q_1\,\gamma_1\,c_1/q_2\,\gamma_2\,c_2$

$\varphi = M_1/M_2 =$ Verhältnis der Molekulargewichte

$\vartheta = (t_1-t_2)/(t_2-t_2') =$ Temperaturkenngröße

ϑ_k für Kühler, ϑ_a für Anwärmer, ϑ_w für reinen Wärmeaustauscher

Einleitung

Zunächst soll kurz erörtert werden, warum sich die Darstellung auf projektiver Grundlage von anderen Methoden grundsätzlich unterscheidet und welche besonderen Vorteile sie bietet. Die Elemente einer projektiven Betrachtungsweise, die wir hier benutzen, sind Punkte, Geraden und Ebenen. Die hieraus entwickelten Grundgebilde sind die Punktreihen und die Strahlenbüschel als Grundgebilde erster Stufe und die aus ihnen erzeugten Kegelschnitte als Grundgebilde zweiter Stufe. Bei der Aufstellung von Beziehungen zwischen Punkten und Geraden in Diagrammen vermeidet diese Darstellung zunächst irgendwelche Maßgrößen und arbeitet nur mit Lagenbeziehungen der Elemente zueinander. Dadurch aber werden die gefundenen Sätze und lösbaren Aufgaben sehr allgemein und umfassend und gelten für alle Wärme- und Stoffaustauschmöglichkeiten. Es ist nach Kenntnis der genauen Lagenbeziehungen dann ein leichtes, durch Einführung geeigneter Maßgrößen den Vorgang in die übliche klassische Darstellungsweise zu übertragen. Diese Methode beim Wärme- und Stoffaustausch unterscheidet sich von der früheren wie etwa in der Geometrie die alte Euklidische Geometrie von der neueren Geometrie der Lage. Zwei Grundgebilde, Punktreihen oder Strahlenbüschel, heißen nun projektiv verwandt oder kürzer projektiv, wenn sie so aufeinander bezogen sind, daß je vier harmonischen Elementen des einen immer vier harmonische Elemente des anderen entsprechen. Hieraus geht hervor, daß die Sätze über die harmonischen Eigenschaften von Punkten und Strahlen eine besondere Rolle spielen. Deshalb möchte ich ganz kurz eine allgemeine Erklärung dieser Harmonie und der ursprünglichen Bedeutung dieser Beziehung vorausschicken. Obwohl nun die Darstellung vom Standpunkt der strengen Geometrie der Lage (der neueren Geometrie) die Benutzung der Maßverhältnisse grundsätzlich vermeidet, sollen hier trotzdem zur Ableitung der harmonischen Beziehungen auch Maßbeziehungen mit verwendet werden. Dies geschieht einerseits, weil die alten Griechen, auf welche die Bezeichnung „harmonisch" zurückgeht, ja noch nicht die Lagenbeziehungen der neueren Geometrie kannten, andererseits um auch eine für den Fernerstehenden anschauliche Verbindung zwischen den früheren Betrachtungen im Sinne des Maßsystems und den neueren im Sinne der Geometrie der Lage herzustellen.

Die Lyra der alten Griechen war ursprünglich mit den 4 Tönen [16]
ausgerüstet:

Grundton (Unisono)   Quarte   Quinte   Oktave
1                            $\frac{4}{3}$ $\frac{3}{2}$ 2

Diese sind die wichtigsten Intervalle der deklamierenden Rede: Bei
einer Frage steigt die Stimme um eine Quarte (Intervall $\frac{4}{3}$), bei einer
stärkeren Betonung eines Wortes steigt sie um eine Quinte (Inter-
vall $\frac{3}{2}$), am Ende der Rede fällt sie um eine Quinte (Intervall $\frac{3}{2}$). Die
Töne 1, $\frac{4}{3}$, 2 und 1, $\frac{3}{2}$, 3 stehen nun in „stetiger harmonischer Proportion", wie sogleich gezeigt wird, und spielen in der Harmonielehre
der alten Griechen eine wichtige Rolle. Eine Vervollständigung der
Tonreihe mit diesen 4 Lyratönen führte dann später zur pythagoreischen
Tonleiter, die bis ins 16. Jahrhundert die Grundlage für spätere Leitern
bildete.

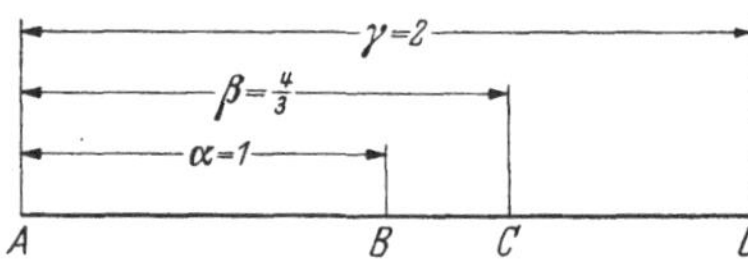

Abb. 1. Die vier harmonischen Punkte zu
den 3 Zahlen: Grundton ($\alpha = 1$), Quarte
($\beta = \frac{4}{3}$), Oktave ($\gamma = 2$)

Nun soll noch kurz an Hand von 2 Abbildungen gezeigt werden, daß
in der Tat die 3 Zahlen $\alpha = 1$, $\beta = \frac{4}{3}$ und $\gamma = 2$ für das Intervall
$(0 \div 2)$ und die 3 Zahlen $\alpha = 1$, $\beta_1 = \frac{3}{2}$ und $\gamma_1 = 3$ für das Intervall $(0 \div 3)$ in „stetiger harmonischer
Proportion" oder „harmonisch" sind. In Abb. 1 sind die 4 Punkte
zu den 4 Zahlen 0 (Anfang), 1 (Grundton), $\frac{4}{3}$ (Quarte) und 2 (Oktave)
auf einer geraden Linie aufgetragen, so daß sind:

$$AB = \alpha = 1$$
$$AC = \beta = \frac{4}{3}$$
$$AD = \gamma = 2$$

Von 3 Zahlen α, β, γ sagt man nun, daß sie „harmonisch" sind, wenn
die Differenz der beiden ersten sich zu der ersten verhält wie die Differenz der beiden letzten zur letzten, also:

$$\frac{\alpha - \beta}{\alpha} = \frac{\beta - \gamma}{\gamma} \tag{1}$$

Setzt man die obigen Werte ein, so wird:

$$\frac{1 - \frac{4}{3}}{1} = \frac{\frac{4}{3} - 2}{2}$$

$$-\frac{1}{3} = -\frac{1}{3}$$

Setzt man in die Gl. (1) die Streckengrößen ein, so lautet diese:

$$\frac{AB - AC}{AB} = \frac{AC - AD}{AD} \tag{2}$$

Setzt man noch in Gl. (2) für:

$$AB - AC = -CB$$

$$AC - AD = -CD$$

so wird:

$$\frac{AB}{CB} = \frac{AD}{CD} \tag{3}$$

Betrachtet man A und C als die Grundpunkte und bezeichnet man
die Richtung von A nach D
positiv und von D nach A
negativ, so werden in Gl. (3)
die Strecken $\overrightarrow{AB}$, $\overrightarrow{AD}$ und $\overrightarrow{CD}$
positiv, die Strecke $\overleftarrow{CB}$ von
C nach dem inneren Punkt B

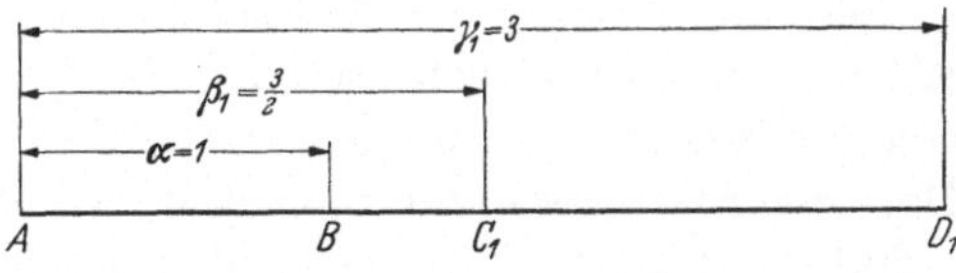

Abb. 2. Die vier harmonischen Punkte zu den 3 Zahlen:
Grundton ($\alpha = 1$), Quinte ($\tfrac{3}{2}$), Doppeloktave (3)

der Strecke $\overrightarrow{AC}$ aber negativ. Man muß unter Berücksichtigung der Richtungen also schreiben:

$$\frac{AB}{-CB} = \frac{AD}{CD}$$

oder etwas umgeordnet:

$$\frac{\dfrac{AB}{CB}}{\dfrac{AD}{CD}} = -1 \tag{4}$$

Dieses sogenannte „Doppelverhältnis" von vier harmonischen Punkten ist also (-1).

Ganz ähnlich gestaltet sich die Rechnung für die 3 Zahlen $\alpha = 1$, $\beta_1 = \tfrac{3}{2}$, $\gamma_1 = 3$. In Abb. 2 sind die Verhältnisse wie für Abb. 1 auf der Geraden ABC_1D_1 aufgetragen. Hier findet man ähnlich wie in Gl. (1):

$$\frac{\alpha - \beta_1}{\alpha} = \frac{\beta_1 - \gamma_1}{\gamma_1} \tag{1a}$$

$$\frac{1 - \tfrac{3}{2}}{1} = \frac{\tfrac{3}{2} - 3}{3}$$

$$-\frac{1}{2} = -\frac{1}{2}$$

Ähnlich Gl. (2) erhält man:

$$\frac{AB - AC_1}{AB} = \frac{AC_1 - AD_1}{AD_1} \tag{2a}$$

Wie in Gl. (3) wird hier:

$$\frac{AB}{C_1B} = \frac{AD_1}{C_1D_1} \tag{3a}$$

Man findet das Doppelverhältnis

$$\frac{\dfrac{AB}{C_1B}}{\dfrac{AD_1}{C_1D_1}} = -1 \tag{4a}$$

Den Gln. (2) und (2a), welche die Beziehungen zu den Tönen der harmonischen Tonleiter der Griechen darstellen, verdanken die Punkte A, B, C, D den Namen „harmonische" Punkte. Es ist natürlich auch möglich, allein aus den Lagebeziehungen eine rein geometrische Definition von vier harmonischen Punkten oder Strahlen zu geben und das soeben in den Gln. (4) und (4a) aus dem Gebiet der Töne gefundene kennzeichnende Doppelverhältnis (-1) abzuleiten. Es wird sich sogar zeigen, daß gerade diese Art der Betrachtungen fundamental für jeden Wärme- und Stoffaustausch ist. Bevor wir jedoch hierzu übergehen, soll die Bedeutung des als charakteristisch erkannten harmonischen Doppelverhältnisses im nächsten Kapitel an technischen Beispielen erläutert werden. Auf diese Weise wird der dem praktischen Verfahrensingenieur zunächst fremde und für ihn abstrakte Begriff ihm nähergebracht, so daß er sich sehr bald von der Wichtigkeit dieser Größe überzeugen kann.

I. Die technische Deutung
des harmonischen Doppelverhältnisses

1. Die Harmonie beim Wirken von mechanischen Kräften

Wenn auch der Zweck dieses Bandes die Darstellung des Wärme-
und Stoffaustausches auf projektiver Grundlage ist, so sollen doch
zunächst die harmonischen Beziehungen beim Wirken von mechanischen Kräften gezeigt werden, weil die Mechanik der Kräfte jedem
Ingenieur geläufig ist und auch als willkom-
mene Grundlage für alle Vorgänge beim Wärme-
und Stoffaustausch die-
nen kann.

a) Das Wirken von Parallelkräften

Es ist zweckmäßig,
sich den Berechnungs-
gang zur Ermittlung der
Resultierenden einer be-
liebigen Anzahl von Pa-
rallelkräften verschie-
denen Richtungssinnes
ins Gedächtnis zurück-
zurufen. Auf Abb. 3 mö-
gen die Parallelkräfte

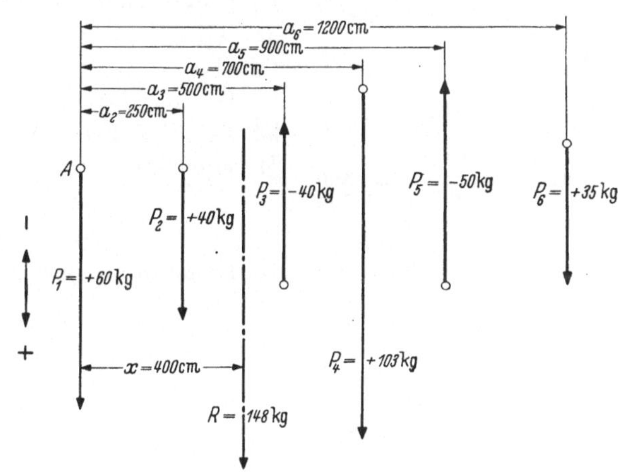

Abb. 3. Ermittlung der Resultierenden von Parallelkräften

P_1, P_2, P_3, P_4, ... mit ihrem durch einen Pfeil angedeuteten
Richtungssinn gegeben sein. Die Größe der Resultierenden findet
man bekanntlich als:

$$R = P_1 + P_2 - P_3 + P_4 - P_5 + P_6 \tag{5}$$

Die Lage von R ergibt sich aus dem Satz der Drehmomente. Der Ein-
fachheit halber ist hier der Momentenpol A auf die Kraft P_1 gelegt.
Gemäß Abb. 3 ergibt sich die Lage der Resultierenden:

$$x = \frac{P_1\, 0 + P_2\, a_2 - P_3\, a_3 + P_4\, a_4 - P_5\, a_5 + P_6\, a_6}{P_1 + P_2 - P_3 + P_4 - P_5 + P_6} \tag{6}$$

Ganz allgemein folgt die Lage der Resultierenden zu:

$$x = \frac{\sum P a}{\sum P} \tag{7}$$

Dieselbe Formel gilt bekanntlich auch für die Lage x des Massenmittelpunktes (Schwerpunktes) eines aus gleichmäßig verteilten Massenteilchen m_1, m_2, m_3, ... bestehenden Körpers:

$$x = \frac{\sum m a}{\sum m} \tag{7a}$$

Der Hebelarm x, das Kennzeichen der Lage der Resultierenden R, kann positiv oder negativ werden, d. h. R kann rechts oder links vom angenommenen Drehpunkt A liegen. Dies richtet sich ganz nach den Vorzeichen von $\sum P a$ und $\sum P$ in der Gl. (7) oder von $\sum m a$ und $\sum m$ in der Gl. (7a).

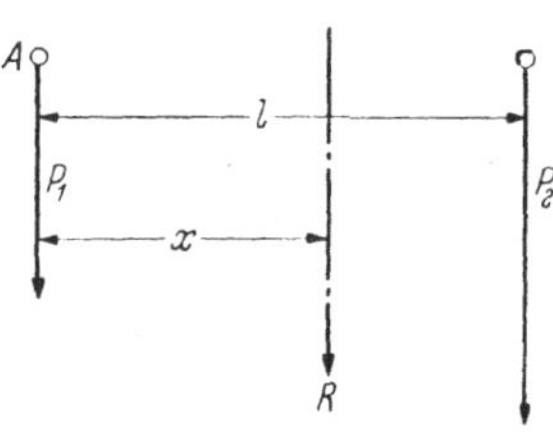

Abb. 4
Erklärungsskizze beim Auftreten von 2 Kräften P_1 und P_2

Wichtig für alle folgenden Untersuchungen ist der Fall beim Auftreten von 2 Kräften. Hierfür lautet die Gl. (7):

$$x = \frac{P_2 a_2}{P_1 + P_2}$$

Setzt man hierin zur Kennzeichnung der Allgemeinheit $a_2 = l$, so wird

$$x = \frac{P_2 l}{P_1 + P_2} = K l \tag{8}$$

Auf Abb. 4 ist dieser Fall skizziert. Maßgebend für die Größe x ist hier der Koeffizient:

$$K = \frac{P_2}{P_1 + P_2} = \frac{1}{1 + P_1/P_2} \tag{9}$$

Bei der Gleichsinnigkeit der Kraftrichtungen von P_1 und P_2 (wie in Abb. 4) ist der Koeffizient K stets positiv und kleiner als 1, somit $x < l$. Dies besagt: Die Resultierende liegt zwischen den Kräften P_1 und P_2. Für den Sonderfall $P_1 = P_2$ wird $P_1/P_2 = 1$ und $K = \frac{1}{2}$, $x = l/2$. Die Resultierende liegt in der Mitte von l.

Kehrt die Kraft P_2 ihren Richtungssinn um, so wird:

$$\sum P = P_1 - P_2, \quad \sum P a = -P_2 l$$

Der Abstand der Resultierenden R von A wird:

$$x = \frac{-P_2 l}{P_1 - P_2} \tag{10}$$

Ist $P_1 > P_2$, so wird x negativ, d. h. die Resultierende liegt *außerhalb* der beiden Kräfte, und zwar auf der Seite der größeren P_1. R ist gleichsinnig mit P_1. Ist $P_2 > P_1$, so werden in Gl. (10) Zähler und Nenner negativ und damit x positiv:

$$x = \frac{-P_2\,l}{-(P_2 - P_1)} = +\frac{P_2\,l}{P_2 - P_1} \tag{11}$$

Der bestimmende Koeffizient ist jetzt:

$$K = \frac{P_2}{P_2 - P_1} = \frac{1}{1 - P_1/P_2} \tag{11a}$$

Da $P_2 > P_1$ ist, muß ferner $1 - P_1/P_2 < 1$ und somit

$$K > 1 \quad \text{und} \quad x > l$$

werden. Die Mittelkraft R liegt auch hier *außerhalb* beider Kräfte und ebenfalls auf der Seite der größeren Kraft P_2. Man kann also den Satz, der natürlich nichts Neues aussagt, ganz allgemein, wie folgt, aussprechen: Bei 2 Kräften von entgegengesetztem Richtungssinn liegt die resultierende Mittelkraft stets außerhalb dieser beiden Kräfte, und zwar auf der Seite der größeren von ihnen. Geht man von dem Fall $P_1 > P_2$ aus, so liegt zunächst die Resultierende links von P_1 an einer ganz bestimmten Stelle. Läßt man nun P_2 allmählich wachsen, so wird gemäß Gl. (10) der Nenner $(P_1 - P_2)$ immer kleiner und das negative x immer größer, bis es für $P_1 = P_2$ den Wert $x = \infty$ erreicht. Die Resultierende R wandert auf der linken Seite von P_1 ins Unendliche. Für diesen Grenzfall wird dann:

$$(P_1 - P_2)\,x = 0 \infty = P_2\,l \tag{12}$$

Wird jedoch P_2 nur um einen ganz kleinen Betrag größer als P_1, so rückt R auf die rechte Seite von P_2 ins Unendliche. Die beiden Seiten links von P_1 und rechts von P_2 hängen also in dem unendlich fernen Grenzgebiet, das man auch „asymptotisches Grenzgebiet" nennen könnte, zusammen. Wenn auch der unendlich ferne Punkt sowohl von der einen als auch von der anderen Seite erreicht wird, so gibt es doch nur *einen* unendlich fernen Punkt, in dem die beiden Seiten zusammenhängen. Man merke sich zunächst, daß bei zwei gleichen, gleichgerichteten Kräften $P_1 = P_2$ die Resultierende $R = P_1 + P_2$ innerhalb der Kräfte im Abstande $x = l/2$ liegt und bei zwei gleichen, entgegengesetzt wirkenden Kräften $P_1 = -P_2$ die Resultierende $R = 0$ im Unendlichen $x = \infty$ liegt. Diese Feststellung wird sehr wichtig für die weitere Untersuchung sein.

In Abb. 5 mögen auf der Geraden $ABCD$ die Angriffspunkte A und C der gegebenen Kräfte P_1, P_2 und $(-P_2)$ sowie die Angriffspunkte B und D der Resultierenden R_1 für $(P_1 + P_2)$ und R_2 für $(P_2 - P_1)$ liegen. Die Abstände x_1 und x_2 dieser beiden Mittelkräfte sind:

$$\text{nach Gl. (8) für } R_1: \quad x_1 = \frac{P_2\,l}{P_1 + P_2} \tag{8}$$

$$\text{nach Gl. (11) für } R_2: \quad x_2 = \frac{P_2\,l}{P_2 - P_1} \tag{11}$$

Für das Verhältnis der beiden Strecken AB und CB folgt aus Abb. 5:

$$\frac{AB}{CB} = \frac{x_1}{l-x_1} = \frac{\dfrac{P_2\,l}{P_1+P_2}}{l - \dfrac{P_2\,l}{P_1+P_2}} = \frac{P_2}{P_1}$$

Für das Verhältnis der beiden Strecken AD und CD folgt:

$$\frac{AD}{CD} = \frac{x_2}{x_2-l} = \frac{\dfrac{P_2\,l}{P_2-P_1}}{\dfrac{P_2\,l}{P_2-P_1} - l} = \frac{P_2}{P_1}$$

Das heißt aber: Die Strecke $AC = l$ wird durch B *innerlich* in demselben Verhältnis P_2/P_1 geteilt wie durch D *äußerlich*. Die Punktpaare A, C und B, D trennen sich. Wie bei Gl. (3) sind hier wieder die Strecken $\overrightarrow{AB}$, $\overrightarrow{AD}$ und $\overrightarrow{CD}$ positiv, die Strecke $\overleftarrow{CB}$ von C nach dem inneren Punkt B aber negativ. Man erhält somit:

$$\frac{\dfrac{AB}{CB}}{\dfrac{AD}{CD}} = \frac{-\dfrac{P_2}{P_1}}{\dfrac{P_2}{P_1}} = -1 \qquad (13)$$

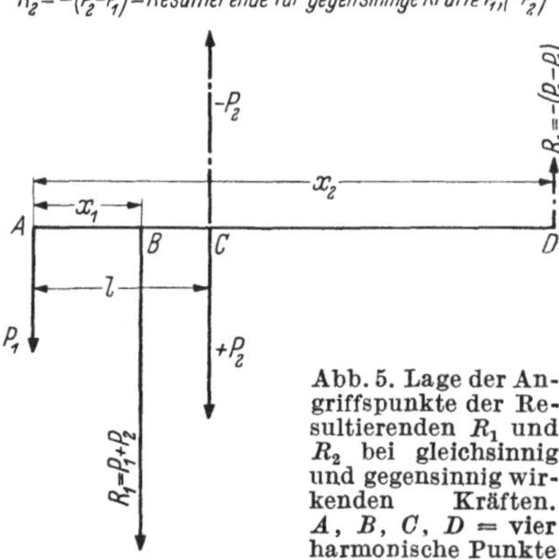

Abb. 5. Lage der Angriffspunkte der Resultierenden R_1 und R_2 bei gleichsinnig und gegensinnig wirkenden Kräften. $A, B, C, D =$ vier harmonische Punkte

Die 4 Punkte A, B, C, D sind vier harmonische Punkte und besitzen das Doppelverhältnis (-1). Wie die Geometrie der Lage leicht beweist [17], gibt es zu drei beliebigen Punkten A, B, C einer Punktreihe nur einen einzigen harmonischen Punkt D des Trägers. Im Anschluß an die Betrachtungen über die bei 2 Kräften bestehenden harmonischen Beziehungen zwischen den Angriffspunkten dieser Kräfte und ihrer Resultierenden soll die Auffindung des vierten harmonischen Punktes zu drei gegebenen mittels Anwendung von Kräften als mechanische Übungsaufgabe gestellt werden.

1. Aufgabe. Gegeben eine Gerade mit den 3 Punkten A, B, C. Gesucht wird der vierte harmonische Punkt D mittels Kraftmomenten an Hand von Abb. 5.

Lösung. Man stelle für Punkt B als Angriffspunkt der Resultierenden R_1 an Hand von Abb. 5 die Momente von P_1 und P_2 auf. Es muß aus Gleichgewichtsgründen sein:

$$P_2(l-x_1) = P_1 x_1$$

und

$$\frac{P_1}{P_2} = \frac{l-x_1}{x_1}$$

Ferner muß für den noch unbekannten Angriffspunkt D der Resultierenden R_2 die Gleichgewichtsbeziehung bestehen:

$$P_2(x_2 - l) = P_1 x_2$$

und

$$\frac{x_2 - l}{x_2} = \frac{P_1}{P_2}$$

Setzt man in diese Gleichung für $\dfrac{P_1}{P_2} = \dfrac{l - x_1}{x_1}$ ein, so wird:

$$\frac{x_2 - l}{x_2} = \frac{l - x_1}{x_1}$$

Hieraus errechnet man:

$$x_2 = \frac{l\,x_1}{2\,x_1 - l} \tag{14}$$

Die anderen 3 Fälle für C, B und A als gesuchte vierte harmonische Punkte ergeben sich aus Gl. (14), so daß als Ergebnis folgende Tabelle aufgestellt werden kann:

	Gegeben		Gesucht	
	Punkte	Strecken	Punkte	Strecken
1	A, B, C	x_1, l	D	$x_2 = \dfrac{l\,x_1}{2\,x_1 - l}$
2	A, B, D	x_1, x_2	C	$l = \dfrac{2\,x_1\,x_2}{x_1 + x_2}$
3	A, C, D	x_2, l	B	$x_1 = \dfrac{l\,x_2}{2\,x_2 - l}$
4	B, C, D	$(x_2 - x_1), (l - x_1)$	A	$x_1 = \dfrac{(l - x_1)\,(x_2 - x_1)}{(x_2 - x_1) - 2\,(l - x_1)}$

b) Getrennte Punktpaare

In Abb. 5 liegen die beiden Punktpaare A, C und B, D so, daß man beim Übergang von A nach C den Punkt B im Innern der Strecke AC, beim Übergang von C nach A den Punkt D außerhalb der Strecke AC durch das Unendliche hindurch passieren muß. Man drückt dies auch so aus, daß sich die beiden Punktpaare A, C und B, D „gegenseitig trennen". In Abb. 5 greifen in den sogenannten Fundamentalpunkten A und C die vorgegebenen Kräfte P_1 und P_2 an, in den A und C zugeordneten Punkten B und D greifen die resultierenden Mittelkräfte $R_1 = P_1 + P_2$ und

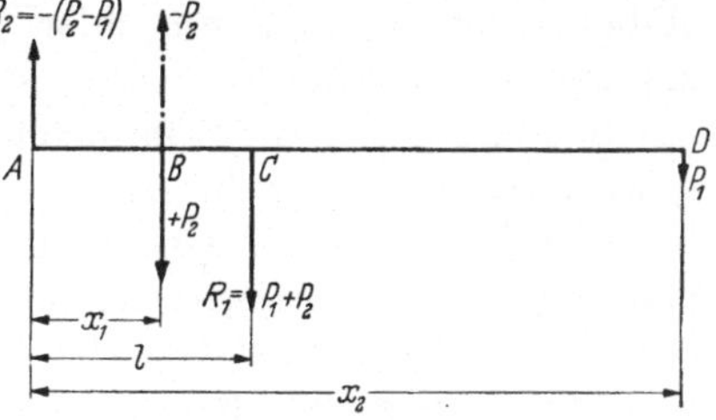

Abb. 6. Fundamentalpunkte: B, D; zugeordnete Punkte: A, C; Punktpaar B, D wird von A, C getrennt

$R_2 = -(P_2 - P_1)$ an. Man könnte wohl glauben, daß die Fundamental-punkte A und C den diesen konjugierten Punkten B und D vorgezogen seien. Dem ist jedoch nicht so: Die beiden Punktpaare A, C und B, D spielen in dem Ausdruck des harmonischen Doppelverhältnisses die gleiche Rolle. Man erkennt dies sofort, wenn man in Abb. 6 die Kräfte P_1 und P_2 in den Punkten D und B und die Mittelkräfte R_1 und R_2 in den Punkten C und A angreifen läßt. Es gelten folgende Beziehungen:

$$P_1(x_2 - l) = P_2(l - x_1)$$

und

$$P_2 x_1 = P_1 x_2$$

Aus diesen beiden Gleichungen folgt:

$$\frac{P_1}{P_2} = \frac{l - x_1}{x_2 - l} = \frac{BC}{-CD}$$

$$\frac{P_1}{P_2} = \frac{x_1}{x_2} = \frac{AB}{AD}$$

Hieraus ergibt sich aber dasselbe Doppelverhältnis wie in Gl. (13):

$$\frac{\dfrac{AB}{CB}}{\dfrac{AD}{CD}} = -1$$

2. Die Harmonie beim Wirken der Massen

Bei der vorliegenden Anwendung der harmonischen Beziehungen auf den Wärme- und Stoffaustausch kommen nun nicht die Aus-drücke für die mechanischen Kräfte, sondern die für die Massen in Frage. Wir können uns deshalb auf die oben bereits angeschriebene Gl. (7a) für die Lage x des Massenmittelpunktes von mehreren Körpern beziehen. In den folgenden Ausführungen sind es meist zwei Körper, z. B. Flüssigkeit und Dampf bei der Rektifikation, die zwei flüssigen Phasen bei der Extraktion Flüssig-Flüssig, die heiße und kalte Flüssigkeit bei Wärmeaustauschern, das Gas und die Absorptions-flüssigkeit bei Absorptionsanlagen usw. Es muß nur noch ver-einbart werden, was nun hier unter „positiven" und „negativen" Massen zu verstehen ist. Da es sich beim Wärme- und Stoffaustausch um Bewegungen und Strömungen von Massen handelt und die Gleich-gewichtsbedingungen für irgendeine augenblickliche Lage angeschrie-ben werden, soll als Grundlage der Unterscheidung von „positiv" und „negativ" die *Richtung* gewählt werden. Man wird also als „positiv" bei der Rektifikation etwa die Strömungsrichtung des Dampfes von Stellungen niedriger Konzentration in Stellungen höherer Konzen-tration für das Leichtsiedende und als „negativ" die Strömungsrich-tung der Rücklaufflüssigkeit von Stellungen höherer Konzentration

in Stellungen niederer Konzentration für das Leichtsiedende in irgendeinem Arbeitsdiagramm wählen können. Es handelt sich immer um
Lagebeziehungen in einem Darstellungsplan für den verfahrenstech-
nischen Vorgang. Der Angriffspunkt der Kräfte wird hier zum Angriffspunkt von Massen, der Angriffspunkt der resultierenden Mittelkraft
wird hier zum Schwerpunkt. Wie bei den Kräften gilt hier bei den
Massen das Hebelgesetz und das Gesetz für die harmonischen Punkte
in gleicher Weise.

II. Die Darstellung des Wärme- und Stoffaustausches in Arbeitsdiagrammen

1. Geometrische Definition von vier harmonischen Punkten

Beim praktischen Austausch von Wärme und Stoff kann man
in den meisten Fällen *2 Phasen* angeben, in denen die beiden Ströme
mit entgegengesetzter Richtung fließen. Außerdem vergleicht man *zwei
Querschnitte* miteinander. Ist es nun möglich, je zwei solcher benach-
barten Querschnitte und je zwei solcher Phasenkurvenstücke, wenn
vielleicht auch nur auf eine kurze Strecke, als Gerade darzustellen,
so kann man im Arbeitsdiagramm hierfür ein charakteristisches *Viereck* konstruieren. Wegen dieser geometrischen Kennzeichnung des Austausches soll im folgenden eine geometrische Definition von vier harmonischen Punkten gegeben werden, die auf den Eigenschaften des
„Vollständigen Vierecks" beruht.

Seit CARNOT [*18*] kennt die neuere Geometrie der Lage außer den
„einfachen" n-Ecken auch noch die „vollständigen" n-Ecke. Ein vollständiges ebenes n-Eck besteht aus n Punkten einer Ebene (den Eck-
punkten) und ihren sämtlichen Verbindungsgeraden (den Seiten).
Ein einfaches n-Eck bildet also mit allen seinen Diagonalen ein vollständiges n-Eck. In jedem Eckpunkt schneiden sich $(n-1)$ Seiten
des vollständigen n-Ecks. Auf diesen liegen die übrigen $(n-1)$ Eckpunkte. Demnach beträgt die Anzahl aller Seiten des vollständigen
n-Ecks $\frac{1}{2} n (n-1)$. Diese Anzahl ergibt sich ohne große Überlegungen
auch als die Anzahl der möglichen Kombinationen von n Elementen
zur 2. Klasse ohne Wiederholung [*19*]:

$$\binom{n}{2} = \frac{n(n-1)}{1 \cdot 2}$$

Somit ist das „einfache" 3-Eck zugleich auch ein „vollständiges"
mit 3 Seiten. Das „einfache" 6-Eck hat nur 6 Seiten, das „vollständige"
jedoch 15. Für unsere weiteren Betrachtungen wichtig ist das „Vollständige Viereck" mit seinen 6 Seiten. In Abb. 7 ist das vollständige Viereck K, L, M, N gezeichnet. Es besitzt die 6 Seiten: KL,

LM, MN, NK, KM, LN. Zu jeder Seite des vollständigen Vierecks, z. B. KL, kann man eine zweite, z. B. MN, finden, derart, daß zwei solche Seiten zusammen alle die vier gegebenen Ecken K, L, M, N enthalten. Zwei solche Seiten heißen „Gegenseiten" des vollständigen Vierecks. Es gibt in Abb. 7 die 3 Paare von Gegenseiten: (KL und MN), (KN und LM) und (KM und LN). Diese 3 Paare von Gegenseiten bestimmen mit ihren Schnittpunkten A, C und Q die sogenannten 3 „Nebenecken" des vollständigen Vierecks. Später wird sich die technische Bedeutung dieser Nebenecken für den Wärme- und Stoffaustausch herausstellen. Die Beziehung zwischen dem vollständigen Viereck in Abb. 7 und den oben besprochenen harmonischen Punkten soll jetzt gezeigt werden. Die Geometrie der Lage stellt nun folgenden Satz auf [20]: „Vier Punkte A, B, C, D einer Geraden heißen vier harmonische Punkte, wenn sich im ersten (A) und im dritten (C) von ihnen je 2 Gegenseiten eines vollständigen Vierecks schneiden und durch den zweiten (B) und den vierten (D) die übrigen beiden Seiten des Vierecks gehen. Für die Abschnitte zwischen ihren Punkten gilt also auch das „harmonische Doppelverhältnis (-1)":

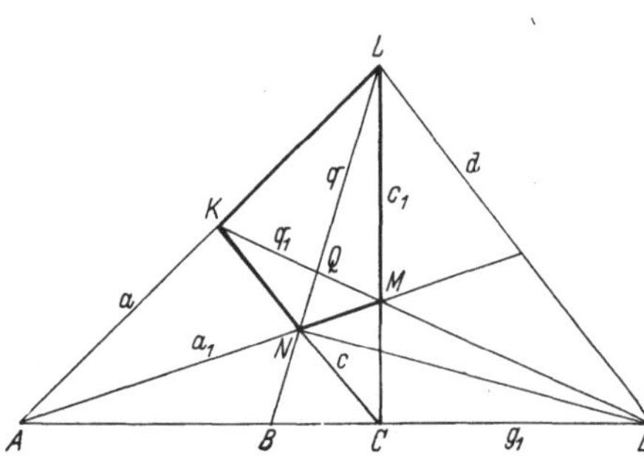

Abb. 7. Die Beziehungen des vollständigen Vierecks $KLMN$ zu den harmonischen Punkten A, B, C, D

$$\frac{AB}{BC} : \frac{AD}{CD} = -1$$

Im folgenden soll dieses Verhältnis abgekürzt geschrieben werden:

$$(ABCD) = -1 \tag{15}$$

Der erste (A) und der dritte Punkt (C) werden hierbei als die „Fundamentalpunkte" angesehen.

Ist Q in Abb. 7 die letzte Nebenecke des vollständigen Vierecks, also der Schnittpunkt von KM und LN, so hat man:

$$(ABCD) = (KQMD) \tag{16}$$

Projiziert man nämlich die linksstehenden Punkte A, B, C, D aus dem Punkte L auf die Gerade q_1, so müssen auch die rechtsstehenden Punkte K, Q, M, D dasselbe Doppelverhältnis besitzen wie die linksstehenden. Die Geometrie der Lage zeigt nämlich, daß irgend vier beliebige Strahlen eines Büschels von jeder Geraden in 4 Punkten von gleichem Doppelverhältnis geschnitten werden [21]. Das hier betrachtete Strahlenbüschel mit dem Mittelpunkt L hat die 4 Strahlen

a, q, c_1, d. Diese 4 Strahlen werden sowohl von der Geraden g_1 in den 4 Punkten A, B, C, D als auch von der Geraden q_1 in den 4 Punkten K, Q, M, D geschnitten. Projiziert man aber die letzten 4 Punkte aus N auf g_1, so wird:

$$(KQMD) = (CBAD) \tag{17}$$

Hieraus folgt:

$$(ABCD) = (CBAD) \tag{18}$$

Das Doppelverhältnis $(CBAD)$ lautet, wenn man es als Streckenverhältnis anschreibt:

$$(CBAD) = \frac{CB}{BA} : \frac{CD}{AD} \tag{19}$$

Nun ist aber

$$(ABCD) = \frac{AB}{BC} : \frac{AD}{CD} \tag{20}$$

$(CBAD)$ stellt also den reziproken Wert von $(ABCD)$ dar:

$$(CBAD) = \frac{1}{(ABCD)} \tag{21}$$

Setzt man diesen Wert in Gl. (18) ein, so findet man:

$$(ABCD) = \frac{1}{(ABCD)}$$

oder auch

$$(ABCD)^2 = 1 \tag{22}$$

Das Doppelverhältnis der 4 Punkte A, B, C, D in Abb. 7 kann nur die Werte $+1$ oder -1 haben. Den Wert $+1$ könnte es nur haben, wenn von den 4 Punkten A, B, C, D des Doppelverhältnisses zwei zusammenfallen. Da dies in Abb. 7 nicht möglich ist, muß demnach

$$(ABCD) = -1$$

sein. Das heißt: Die aus dem vollständigen Viereck sich ergebenden 4 Punkte A, B, C, D befinden sich in *harmonischer Lage.*

Man kann nun das vollständige Viereck dazu benutzen, zu drei harmonischen Punkten A, B, C den vierten D zu konstruieren. Diese Aufgabe soll sogleich zur Übung hier durchgeführt werden.

2. Aufgabe. In Abb. 8 sind auf der Geraden g die 3 Punkte A, B, C gegeben. Gesucht wird der zu diesen drei gehörige vierte harmonische Punkt D.

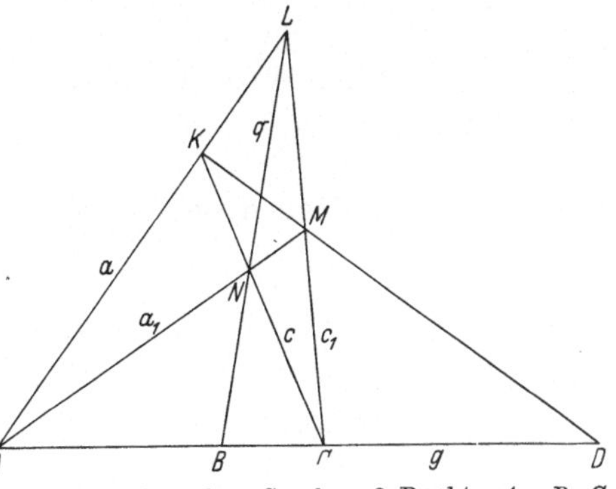

Abb. 8. 2. Aufgabe: Gegeben 3 Punkte A, B, C. Gesucht: vierter harmonischer Punkt D

Lösung. Da es zu 3 Punkten A, B, C nur *einen einzigen* vierten harmonischen Punkt D geben kann, konstruiert man sich ein *ganz beliebiges* vollständiges Viereck K, L, M, N. Man zieht von A aus zwei *beliebige* Strahlen a und a_1 und von B aus einen *beliebigen* Strahl q, der a in L und a_1 in N schneidet. Von C aus zieht man eine Gerade c durch N und erhält als Schnittpunkt von c und a den Punkt K. Damit hat man bereits die 3 Punkte L, K, N des vollständigen Vierecks.

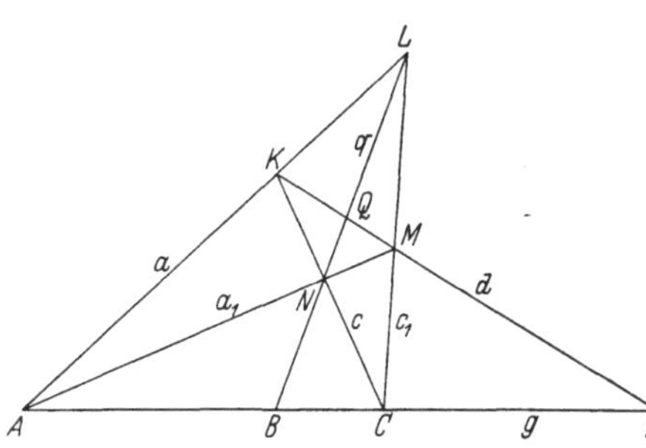

Abb. 9. 3. Aufgabe: Gegeben 3 Punkte A, C, D.
Gesucht: vierter harmonischer Punkt B

Den vierten Punkt M findet man als Schnittpunkt der von C nach L gezogenen Geraden c_1 mit der Geraden a_1. Zieht man nun die Diagonale KM des vollständigen Vierecks, so muß diese die Gerade g im vierten harmonischen Punkt D schneiden.

Bei den Problemen des Wärme- und Stoffaustausches sind meistens die Punkte A und C als „Fundamentalpunkte" und ein dritter Punkt D gegeben, und der innerhalb von A und C gelegene vierte harmonische Punkt B wird gesucht. Deshalb soll noch eine weitere Übungsaufgabe für diese Verhältnisse behandelt werden.

3. Aufgabe. Gegeben sind die 2 Fundamentalpunkte A und C und ein außerhalb der Strecke AC auf g gelegener Punkt D. Gesucht wird der zu den 3 Punkten A, C, D gehörige vierte harmonische Punkt B.

Lösung. Auch hier wird wieder ein beliebiges vollständiges Viereck $KLMN$ in Abb. 9 konstruiert. Von A aus zieht man zwei beliebige Strahlen a und a_1. Ein beliebiger Strahl c von C aus schneidet a in K und a_1 in N. K verbindet man mit D und erhält als Schnittpunkt mit a_1 den Punkt M. C verbindet man mit M durch die Gerade c_1 und erhält als Schnittpunkt von c_1 mit a den Punkt L. Die Verbindungsgerade q von L mit N schneidet die Gerade g in dem vierten harmonischen Punkt B.

2. Die harmonischen Beziehungen bei den Wärmeaustauschern

a) Gleichstrom- und Gegenstromkühler

Den kommenden Ausführungen liegen folgende Beziehungen zugrunde:

q_1 heiße Flüssigkeit [m³/h]
q_2 kalte Flüssigkeit [m³/h]
γ_1 spez. Gewicht der heißen Flüssigkeit [kg/m³]
γ_2 spez. Gewicht der kalten Flüssigkeit [kg/m³]

c_1 spez. Wärme der heißen Flüssigkeit [kcal/kg °C]
c_2 spez. Wärme der kalten Flüssigkeit [kcal/kg °C]
t Temperatur der heißen Flüssigkeit [°C]
t' Temperatur der kalten Flüssigkeit [°C]
t_1 Temperatur der heißen Flüssigkeit beim Eintritt [°C]
t_1' Temperatur der kalten Flüssigkeit links [°C]
k Wärmedurchgangszahl [kcal/m² h °C]
F Wärmeübertragungsfläche [m²]

Mit diesen Bezeichnungen betragen die stündlich je °C von der heißen Flüssigkeit abgegebene Wärmemenge $(q_1 \gamma_1 c_1)$ und die stündlich je °C von der kalten Flüssigkeit aufgenommene Wärmemenge $(q_2 \gamma_2 c_2)$. Sowohl beim Gleichstrom als auch beim Gegenstrom sinkt die Temperatur der heißen Flüssigkeit und steigt die Temperatur der kalten Flüssigkeit. In Abb. 10a ist das Schema für den Gleichstromkühler, in Abb. 10b das für den Gegenstromkühler skizziert. Beim Gleichstromkühler treten heiße und kalte Flüssigkeit auf derselben Seite ein, beim Gegenstromkühler treten heiße und kalte Flüssigkeit auf verschiedenen Seiten ein. Wie aus Abb. 10a und 10b ersichtlich ist, verkleinert sich bei beiden Kühlerarten die Temperaturdifferenz $(t - t')$ mit zunehmender, von der heißen Flüssigkeit durchlaufener Austauschfläche F, um im theoretischen Falle für $F = \infty$ zu Null zu werden. Man erhält also für $F = \infty$ eine Grenztemperatur $(t_\infty)_e$ für den Gleichstrom und eine von dieser verschiedene $(t_\infty)_0$ für den Gegenstrom. Da die infolge der Temperaturdifferenz $(t - t')$ zwischen den beiden Flüssigkeiten durch die elementare Wärmeübertragungsfläche dF stündlich hindurchgehende Elementarwärmemenge $q_1 \gamma_1 c_1 dt$ und die von der

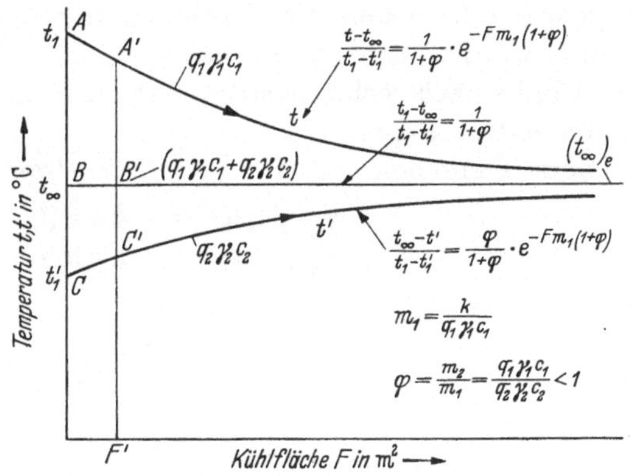

Abb. 10a. Temperaturverlauf $t = f(F)$ und $t' = f(F)$ beim Gleichstrom

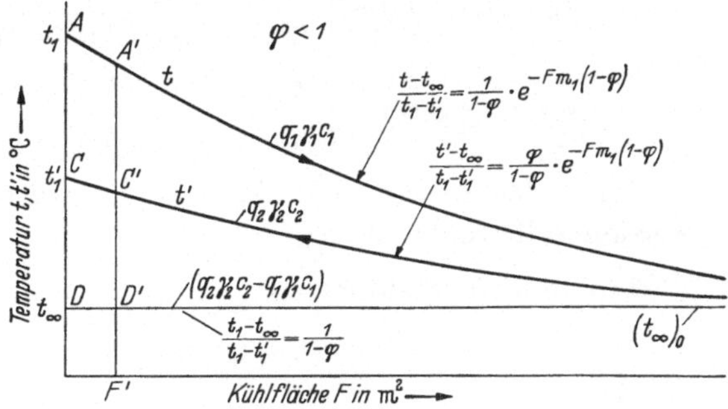

Abb. 10b. Temperaturverlauf $t = f(F)$ und $t' = f(F)$ beim Gegenstrom

kalten Flüssigkeit aufgenommene Wärmemenge $q_2 \gamma_2 c_2 \, dt'$ proportional dieser Temperaturdifferenz $(t - t')$ sind, müssen die Temperaturverlaufskurven $t = f(F)$ und $t' = f(F)$ Exponentialkurven sein.

Aus Betrachtung von Abb. 10a und 10b erkennt man sofort die beiden Ausgangsdifferentialgleichungen für Gleichstrom und Gegenstrom.

Beim *Gleichstrom fällt* mit zunehmender Austauschfläche F die Temperatur t der heißen Flüssigkeit. Die Temperatur t' der kalten Flüssigkeit jedoch *steigt* mit zunehmender Austauschfläche. Hieraus ergibt sich für den *Gleichstrom*:

$$q_1 \gamma_1 c_1 \, dt = -k \, dF (t - t') \tag{23a}$$

$$q_2 \gamma_2 c_2 \, dt' = +k \, dF (t - t') \tag{23b}$$

Beim Gegenstrom fällt mit zunehmender Austauschfläche F ebenfalls die Temperatur t der heißen Flüssigkeit. Die Temperatur t' der kalten Flüssigkeit steigt zwar auch mit zunehmender Austauschfläche, wenn man F von rechts rechnen würde, also in der Richtung der strömenden Kaltflüssigkeit. Man muß aber, da für F als Abszisse bereits als positive Richtung die Strömungsrichtung der heißen Flüssigkeit gewählt wurde, auch für die kalte Flüssigkeit dieselbe Richtung, also F von links nach rechts positiv, wählen. Dann aber nimmt t' auch mit zunehmendem F ab.

Hieraus ergeben sich für den *Gegenstrom*:

$$q_1 \gamma_1 c_1 \, dt = -k \, dF (t - t') \tag{24a}$$

$$q_2 \gamma_2 c_2 \, dt' = -k \, dF (t - t') \tag{24b}$$

Setzt man noch zur Vereinfachung:

$$\frac{k}{q_1 \gamma_1 c_1} = m_1 \tag{25a}$$

und

$$\frac{k}{q_2 \gamma_2 c_2} = m_2 \tag{25b}$$

so wird:

für *Gleichstrom*
$$dt = -m_1 \, dF (t - t') \tag{26a}$$
$$dt' = +m_2 \, dF (t - t') \tag{26b}$$

für *Gegenstrom*
$$dt = -m_1 \, dF (t - t') \tag{27a}$$
$$dt' = -m_2 \, dF (t - t') \tag{27b}$$

Nach der Integration, die hier im einzelnen nicht durchgeführt werden soll, findet man:

Für den *Gleichstrom*:

$$t = \frac{m_1}{m_1 + m_2} (t_1 - t_1') \left[e^{-F(m_1 + m_2)} - 1 \right] + t_1 \tag{28}$$

oder

$$t = \frac{m_1}{m_1 + m_2} (t_1 - t_1') \, e^{-F(m_1 + m_2)} - \frac{m_1}{m_1 + m_2} (t_1 - t_1') + t_1$$

Für $F = \infty$ wird:

$$t_\infty = t_1 - \frac{m_1}{m_1 + m_2}\,(t_1 - t_1') \tag{29}$$

Somit ist:

$$t = \frac{m_1}{m_1 + m_2}\,(t_1 - t_1')\,e^{-F(m_1+m_2)} + t_\infty$$

und:

$$\frac{t - t_\infty}{t_1 - t_1'} = \frac{m_1}{m_1 + m_2}\,e^{-F(m_1+m_2)} \tag{30}$$

In ähnlicher Weise findet man für t':

$$\frac{t' - t_\infty}{t_1 - t_1'} = -\frac{m_2}{m_1 + m_2}\,e^{-F(m_1+m_2)} \tag{31}$$

Für die weitere Rechnung ist es zweckmäßig, das Verhältnis $m_2 : m_1$ einzuführen:

$$\frac{m_2}{m_1} = \frac{q_1\,\gamma_1\,c_1}{q_2\,\gamma_2\,c_2} = \varphi \tag{32}$$

und in die Gln. (29), (30) und (31) einzusetzen. Für den *Gleichstrom* erhält man dann:

$$t_\infty = t_1 - \frac{1}{1+\varphi}\,(t_1 - t_1') \tag{33}$$

$$\frac{t - t_\infty}{t_1 - t_1'} = \frac{1}{1+\varphi}\,e^{-F\,m_1(1+\varphi)} \tag{34}$$

$$\frac{t_\infty - t'}{t_1 - t_1'} = +\frac{\varphi}{1+\varphi}\,e^{-F\,m_1(1+\varphi)} \tag{35}$$

Schreibt man in Gl. (26b) statt $+m_2$ den Wert $-m_2$, so erhält man aus den beiden Differentialgleichungen (26a) und (26b) für Gleichstrom die beiden Differentialgleichungen (27a) und (27b) für Gegenstrom. Dann wird jedoch aus Gl. (32):

$$-\varphi = \frac{-m_2}{m_1}$$

Man erhält somit aus den Gln. (33), (34), (35) für den Gleichstrom sofort die Gleichungen für den *Gegenstrom*, wenn man $+\varphi$ durch $-\varphi$ ersetzt:

$$t_\infty = t_1 - \frac{1}{1-\varphi}\,(t_1 - t_1') \tag{36}$$

$$\frac{t - t_\infty}{t_1 - t_1'} = \frac{1}{1-\varphi}\,e^{-F\,m_1(1-\varphi)} \tag{37}$$

$$\frac{t_\infty - t'}{t_1 - t_1'} = \frac{-\varphi}{1-\varphi}\,e^{-F\,m_1(1-\varphi)} \tag{38}$$

Aus dem Vergleich der beiden Gln. (33) und (36) erkennt man die Lage der Grenztemperaturen $(t_\infty)_e$ für Gleichstrom und $(t_\infty)_0$ für Gegenstrom. Da beim Kühler der Wert φ den unteren Wert $\varphi = 0$

und den oberen Wert $\varphi = 1$ annehmen kann, so folgt für:

$$\text{Gleichstrom:}\quad \begin{cases} (t_\infty)_e = t_1' & \text{für} \quad \varphi = 0 \\[2mm] (t_\infty)_e = \dfrac{t_1 + t_1'}{2} & \text{für} \quad \varphi = 1 \end{cases} \qquad (39)$$

$$\text{Gegenstrom:}\quad \begin{cases} (t_\infty)_0 = t_1' & \text{für} \quad \varphi = 0 \\[2mm] (t_\infty)_0 = -\infty & \text{für} \quad \varphi = 1 \end{cases} \qquad (40)$$

Das heißt: Beim *Gleichstrom* schwankt die Grenztemperatur $(t_\infty)_e$ zwischen der Temperatur t_1' des eintretenden Kühlmittels und der mittleren Temperatur $\frac{1}{2}(t_1 + t_1')$ von heißer und kalter Flüssigkeit beim Eintritt.

Beim *Gegenstrom* schwankt die Grenztemperatur $(t_\infty)_0$ zwischen der Temperatur t_1' des austretenden Kühlmittels und der theoretischen Temperatur $-\infty$.

Da in Gl. (33) φ mit dem positiven, in Gl. (36) jedoch mit dem negativen Vorzeichen verbunden ist, so ist im allgemeinen $(t_\infty)_e$ für Gleichstrom größer als $(t_\infty)_0$ für Gegenstrom. Nur im Sonderfall $\varphi = 0$, d. h. für unendlich große Flüssigkeitsmenge q_2, wird $(t_\infty)_e = (t_\infty)_0 = t_1'$.

Für den *Gleichstrom* wird gemäß Gl. (34) und (35)

$$\frac{t - t_\infty}{t_\infty - t'} = \frac{1}{\varphi} = \frac{q_2 \gamma_2 c_2}{q_1 \gamma_1 c_1} \qquad (41)$$

an jeder Stelle F des Kühlers. An einer beliebigen Stelle F' in Abb. 10a ist nun:

$$t - t_\infty = A'B'$$

und

$$t_\infty - t' = B'C'$$

Setzt man diese Werte in obige Gleichung ein, so findet man:

$$A'B' \cdot q_1 \gamma_1 c_1 = B'C' \cdot q_2 \gamma_2 c_2 \qquad (42)$$

In bezug auf den auf der Grenzgeraden $(t_\infty)_e$ liegenden Momentenpunkt B' (Abb. 10a) halten sich die Größen $q_1 \gamma_1 c_1$ am Hebelarm $A'B'$ und $q_2 \gamma_2 c_2$ am Hebelarm $B'C'$ genau wie angreifende Kräfte das Gleichgewicht. Man kann also das Hebelgesetz anwenden. Da Gl. (41) für jede beliebige Lage F gilt, so bleibt der Momentenpunkt B' stets auf der Grenzgeraden $(t_\infty)_e$. Das Hebelgesetz in Gl. (42) ist nichts anderes als der Ausdruck der Erhaltung der Energie. $q_1 \gamma_1 c_1 (t - t_\infty)$ ist die an der Stelle F' von der heißen Flüssigkeit stündlich abgegebene Wärmeenergie in kcal/h. Dieser Wärmeenergie gleich ist die von der kalten Flüssigkeit aufgenommene Wärmeenergie $q_2 \gamma_2 c_2 (t_\infty - t')$. Der Momentenpunkt B' auf der Temperaturgrenzgeraden t_∞ stellt die aus den beiden Komponenten $q_1 \gamma_1 c_1 t$ und $q_2 \gamma_2 c_2 t'$ sich zusammensetzende Gesamtenergie dar. Denn es ist:

$$q_1 \gamma_1 c_1 (t - t_\infty) - q_2 \gamma_2 c_2 (t_\infty - t') = 0$$

oder: $\qquad q_1 \gamma_1 c_1 t + q_2 \gamma_2 c_2 t' = (q_1 \gamma_1 c_1 + q_2 \gamma_2 c_2)\, t_\infty$

$$t_\infty = \frac{q_1 \gamma_1 c_1 t + q_2 \gamma_2 c_2 t'}{q_1 \gamma_1 c_1 + q_2 \gamma_2 c_2} \tag{43}$$

t_∞ stellt die aus beiden Energien sich ergebende Mischungstemperatur dar.

Für den *Gegenstrom* wird gemäß Gl. (37) und (38):

$$\frac{t - t_\infty}{t' - t_\infty} = \frac{1}{\varphi} = \frac{q_2 \gamma_2 c_2}{q_1 \gamma_1 c_1} \tag{44}$$

In bezug auf den auf der Grenzgeraden $(t_\infty)_0$ liegenden Momentenpunkt D' auf Abb. 10b halten sich die Größen $q_1 \gamma_1 c_1$ am Hebelarm $A'D'$ und $q_2 \gamma_2 c_2$ am Hebelarm $B'D'$ genau wie zwei entgegengesetzt wirkende Kräfte das Gleichgewicht. Da beim Kühler $q_2 \gamma_2 c_2 > q_1 \gamma_1 c_1$ ist, muß der Momentenpunkt D' auf der Seite der größeren Kraft, also hier auf der Seite von $q_2 \gamma_2 c_2$, liegen. Da Gl. (44) für jede beliebige Lage F gilt, so bleibt der Momentenpunkt D' stets auf der Grenzgeraden $(t_\infty)_0$. Aus Gl. (44) folgt:

$$t_\infty = \frac{q_1 \gamma_1 c_1 t - q_2 \gamma_2 c_2 t'}{q_1 \gamma_1 c_1 - q_2 \gamma_2 c_2} = \frac{q_2 \gamma_2 c_2 t' - q_1 \gamma_1 c_1 t}{q_2 \gamma_2 c_2 - q_1 \gamma_1 c_1} \tag{45}$$

Diese Gleichung bringt zum Ausdruck, daß die in den Kühler eintretende Wärmemenge kcal/h gleich ist der aus dem Kühler austretenden, also:

$$\underset{\text{eintretende}}{q_1 \gamma_1 c_1 t + q_2 \gamma_2 c_2 t_\infty} = \underset{\text{austretende}}{q_2 \gamma_2 c_2 t' + q_1 \gamma_1 c_1 t_\infty} \tag{46}$$

Setzt man in den Gln. (34) und (35) für Gleichstrom und in den Gln. (37) und (38) für Gegenstrom die Fläche $F = 0$, so betrachtet man die linke Eintrittsseite des Kühlers, wo die heiße Flüssigkeit ihren Lauf durch den Kühler beginnt. Hierfür gilt dann:

für den Gleichstrom
$$\left\{
\begin{aligned}
\frac{t_1 - t_\infty}{t_1 - t_1'} &= \frac{1}{1 + \varphi} = \frac{AB}{AC} \\[4pt]
\frac{t_\infty - t_1'}{t_1 - t_1'} &= \frac{\varphi}{1 + \varphi} = \frac{BC}{AC} \\[4pt]
\frac{t_1 - t_\infty}{t_\infty - t_1'} &= \frac{1}{\varphi} = \frac{AB}{BC}
\end{aligned}
\right. \tag{47}$$

für den Gegenstrom
$$\left\{
\begin{aligned}
\frac{t_1 - t_\infty}{t_1 - t_1'} &= \frac{1}{1 - \varphi} = \frac{AD}{AC} \\[4pt]
\frac{t_\infty - t_1'}{t_1 - t_1'} &= \frac{-\varphi}{1 - \varphi} = \frac{-CD}{AC} \\[4pt]
\frac{t_1 - t_\infty}{t_\infty - t_1'} &= \frac{1}{-\varphi} = \frac{AD}{-CD}\,; \qquad \frac{1}{\varphi} = \frac{AD}{CD}
\end{aligned}
\right. \tag{48}$$

Betrachtet man die Punkte A und C als die *Fundamentalpunkte*, so erkennt man, daß die Temperaturdifferenz $AC = (t_1 - t_1')$ im Falle des Gleichstromes durch B *innerlich* im Verhältnis $BC/AB = \varphi$ und im Falle des Gegenstromes durch D *äußerlich* in demselben Verhältnis $CD/AD = \varphi$ getrennt wird. Das heißt aber, daß die 4 Punkte A, B, C, D bei gleicher Temperaturdifferenz AC und gleichem φ harmonisch getrennt sind. Auf Abb. 11 sind links die vier harmonischen Punkte A, B, C, D und das Gegenstromprinzip, rechts das Gleichstromprinzip gezeichnet. Man kann, um die Anschaulichkeit zu fördern, die Größen $q_1\,\gamma_1\,c_1$ und $q_2\,\gamma_2\,c_2$, die ja kcal/h °C bedeuten, als Kräfte auffassen. So greifen beim *Gleichstrom* an:

$$\text{in } A: P_1 = q_1\,\gamma_1\,c_1$$
nach rechts zeigend,

$$\text{in } C: P_2 = q_2\,\gamma_2\,c_2$$
nach rechts zeigend.

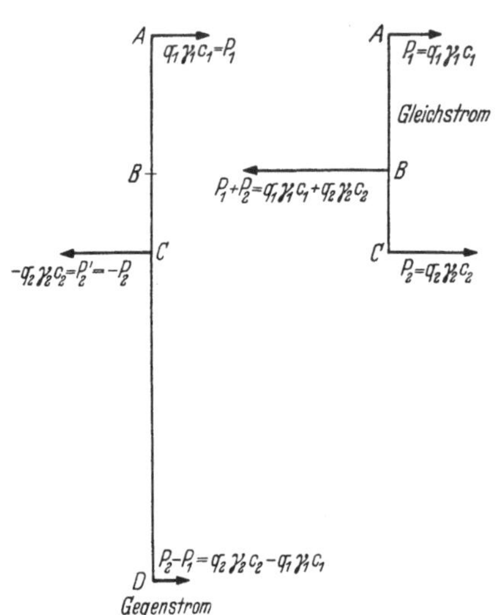

Abb. 11
Darstellung des Gleich- und Gegenstromes durch vier harmonische Punkte A, B, C, D

Den Kräften P_1 und P_2 wird in B das Gleichgewicht gehalten durch:

$$P_1 + P_2 = q_1\,\gamma_1\,c_1 + q_2\,\gamma_2\,c_2 \text{ nach links zeigend}$$

Beim *Gegenstrom* wird:

$$\text{in } A: P_1 = q_1\,\gamma_1\,c_1 \text{ nach rechts zeigend}$$

$$\text{in } C: P_2' = -P_2 = -q_2\,\gamma_2\,c_2 \text{ nach links zeigend}$$

Den Kräften P_1 und $P_2' = -P_2$ wird das Gleichgewicht gehalten durch:

$$P_2 - P_1 = q_2\,\gamma_2\,c_2 - q_1\,\gamma_1\,c_1 \text{ nach rechts zeigend}$$

Der Momentenpunkt D liegt auf der Seite der größeren Kraft $P_2' = q_2\,\gamma_2\,c_2$.

Im Anschluß hieran soll eine Aufgabe behandelt werden.

4. Aufgabe. Gegeben sind die Temperaturen $t_1 = 80°\,C$ der heißen Flüssigkeit und $t_1' = 50°\,C$ der kalten Flüssigkeit, ferner das Verhältnis $\varphi = 0{,}5$ für den Kühler. Berechne die Temperatur $(t_\infty)_e$ für Gleichstrom und $(t_\infty)_0$ für Gegenstrom an Hand von Abb. 11.

Lösung.

$$\frac{BC}{AB} = \varphi = \frac{1}{2}$$

$$BC + AB = t_1 - t_1' = 80 - 50 = 30\,°\text{C}$$

Aus diesen beiden Gleichungen folgt:

$$BC = 10\,°\text{C}, \quad AB = 20\,°\text{C}, \quad (t_\infty)_e = 50 + 10 = 60\,°\text{C}$$

Ferner muß sein:
$$\frac{CD}{AD} = \frac{1}{2}$$

$$AD - CD = 30\,°\text{C}, \quad CD = 30\,°\text{C}$$

$$AD = 60\,°\text{C}, \quad (t_\infty)_0 = 50 - 30 = 20\,°\text{C}$$

Man hätte auch ohne Abb. 11 die Grenztemperaturen $(t_\infty)_e$ und $(t_\infty)_0$ nach den Gln. (33) und (36) errechnen können:

Für den Gleichstrom:

$$(t_\infty)_e = t_1 - \frac{1}{1 + \varphi}\,(t_1 - t_1') = 80 - \frac{80 - 50}{1 + 0{,}5} = 80 - 20 = 60\,°\text{C}$$

Für den Gegenstrom:

$$(t_\infty)_0 = t_1 - \frac{1}{1 - \varphi}\,(t_1 - t_1') = 80 - \frac{80 - 50}{1 - 0{,}5} = 80 - 60 = 20\,°\text{C}$$

5. Aufgabe. Löse die vorige Aufgabe auf rein zeichnerischem Wege mittels des vollständigen Vierecks. Auf Abb. 12 ist die zeichnerische Lösung durchgeführt. Die Strecke OA stellt $t_1 = 80\,°$ C, die Strecke OC $t_1' = 50\,°$ C dar. Als „Fundamentalpunkte" werden aufgefaßt der Punkt A ($t_1 = 80\,°$ C) und der Punkt C ($t_1' = 50\,°$ C). Durch A zieht man die *beliebige* Gerade von A nach H_3 und trägt auf ihr die drei ($= (1/\varphi) + 1$ gleichen Strecken AH_1, H_1H_2 und H_2H_3 ab. H_3 verbindet man mit C und

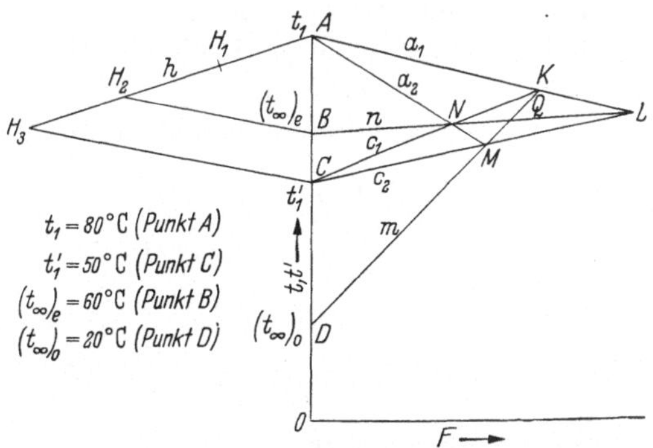

Abb. 12. 5. Aufgabe: Zeichnerische Bestimmung der Grenztemperaturen $(t_\infty)_e$ und $(t_\infty)_0$

zieht durch H_2 eine Parallele zu H_3C. Diese trifft die Temperaturachse in B. Durch B wird die Grenztemperatur $(t_\infty)_e$ für den Gleichstrom dargestellt. Um die Grenztemperatur $(t_\infty)_0$ für den Gegenstrom zu finden, konstruiert man den vierten harmonischen Punkt D zu den 3 Punkten A, B, C: Von dem Fundamentalpunkt A aus zieht man zwei *beliebige* Strahlen a_1 und a_2 und von dem Fundamentalpunkt C aus einen *beliebigen* Strahl c_1. c_1 trifft a_2 in N und a_1 in K. N verbindet man mit B. BN über N hinaus schneidet den Strahl a_1 in L. Nun verbindet man L mit C (Gerade c_2). Der Schnitt der Strahlen a_2 und c_2 ist M. Die Verbindungsgerade KM schneidet als Gegenseite m des vollständigen Vierecks $KLMN$ die Temperaturachse in dem vierten harmonischen Punkt D. D stellt die Grenztemperatur $(t_\infty)_0$ für den Gegenstrom dar.

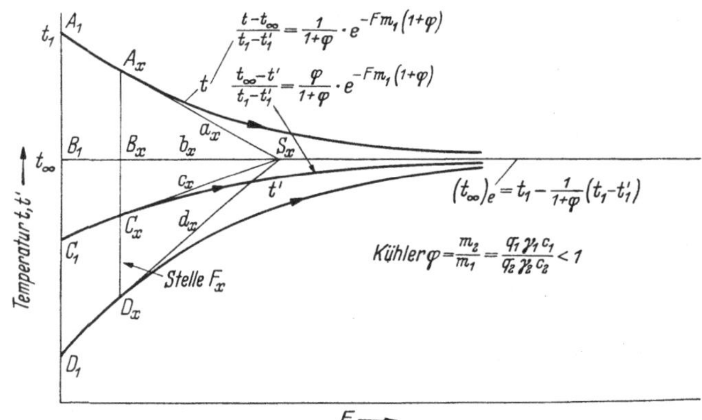

Abb. 13a. Erklärungsskizze für Kurveneigenschaften beim Gleichstrom

Kurveneigenschaften beim Kühler. Einige Kurveneigenschaften spielen bei der Betrachtung der harmonischen Beziehungen am Kühler eine wichtige Rolle. Zunächst soll die Subtangente der Temperaturverlaufskurven besprochen werden an Hand von Abb. 13a und 13b. An irgendeiner beliebigen Stelle F_x gilt:

Für den Gleichstrom:

$$\frac{dt}{dF}=-m_1(1+\varphi)(t-t_\infty)=-\frac{t-t_\infty}{s}$$

$$s=B_x\,S_x$$

$$s=B_x\,S_x=\frac{1}{m_1(1+\varphi)}=\frac{1}{m_1+m_2}$$

Für den Gegenstrom:

$$\frac{dt}{dF}=-m_1(1-\varphi)(t-t_\infty)=-\frac{t-t_\infty}{s}$$

$$s=D_x\,S_x$$

$$s=D_x\,S_x=\frac{1}{m_1(1-\varphi)}=\frac{1}{m_1-m_2}$$

Ebenso findet man, daß auch für die Kurve $t'=f(F)$ die Subtangente die gleiche Größe hat. Das bedeutet aber, daß sich die an irgendeiner

Stelle F_x an die t- und t'-Kurven gelegten Tangenten in einem Punkte S_x auf der Grenzgeraden schneiden. Die Temperaturkurven nähern sich um so schneller den Grenztemperaturen, je kleiner die Subtangente s ist. Da nun beim Kühler mit $m_1 > m_2$ die Subtangente $s = 1/(m_1 + m_2)$ für den Gleichstrom kleiner wird als die Subtangente $s = 1/(m_1 - m_2)$ für den Gegenstrom, so tritt beim Gleichstrom eine schnellere Angleichung an die Grenztemperatur t_∞ ein als beim Gegenstrom.

Beim Gleichstrom sind zunächst die Punkte A_x, B_x, C_x, beim Gegenstrom die Punkte A_x, C_x, D_x gegeben. Nun ist noch zu unter-

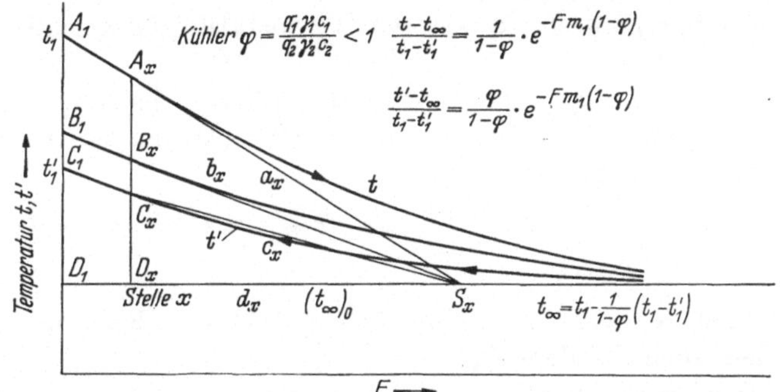

Abb. 13 b. Erklärungsskizze für Kurveneigenschaften beim Gegenstrom

suchen, welche Rolle der vierte harmonische Punkt D_x beim Gleichstrom und B_x beim Gegenstrom spielt.

Beim *Gleichstrom* in Abb. 13 a wird:

$$\frac{B_x C_x}{A_x B_x} = \frac{C_x D_x}{A_x D_x} = \varphi$$

Das heißt: Der vierte harmonische Punkt D_x wandert auf einer Exponentialkurve von D_1 für $F = 0$ nach dem unendlich fernen Punkt auf der Temperaturgeraden $(t_\infty)_e$ für Gleichstrom.

Beim *Gegenstrom* in Abb. 13 b wird:

$$\frac{B_x C_x}{A_x B_x} = \frac{C_x D_x}{A_x D_x} = \varphi$$

Der vierte harmonische Punkt B_x wandert auf einer Exponentialkurve von B_1 für $F = 0$ nach dem unendlich fernen Punkt auf der Temperaturgeraden $(t_\infty)_0$ für Gegenstrom.

Mit anderen Worten heißt dies: Würde nach Zurücklegung der Kühlfläche F_x und nach Erreichung der verkleinerten Temperaturdifferenz $A_x C_x$ im Gleichstromverfahren plötzlich auf Gegenstrom mit demselben Verhältnis φ umgestellt, so wäre die Grenztemperatur t_∞ durch die Ordinate von D_x gegeben.

Ganz ähnlich wird der Fall, wenn erst im Gegenstrom gearbeitet wurde, und plötzlich soll auf Gleichstrom umgestellt werden. In diesem Fall hat sich die Grenztemperatur von B_1 auf B_x vermindert.

Die von dem Strahlenzentrum S_x auf der Grenzgeraden t_∞ nach den vier harmonischen Punkten A_x, B_x, C_x, D_x gezogenen Strahlen a_x, b_x, c_x, d_x sind ebenfalls vier harmonische Strahlen. Die 3 Exponentialkurven und die Grenzgerade werden von allen Geraden senkrecht zur F-Achse sowohl beim Gleichstrom als auch beim Gegenstrom in vier harmonischen Punkten geschnitten. Beim *Gleichstrom* wird die *Summe* $(q_2\gamma_2 c_2 + q_1\gamma_1 c_1)$, beim *Gegenstrom* wird die Differenz $(q_2\gamma_2 c_2 - q_1\gamma_1 c_1)$ durch Punkte der Temperaturgrenzgeraden t_∞ dargestellt.

Für $\varphi = 0$, also $q_2\gamma_2 c_2 = \infty$, werden für Gleichstrom und Gegenstrom $t_\infty = t_1'$ und die t-Kurve wird für Gleichstrom und Gegenstrom die gleiche, nämlich:

$$\frac{t - t_1'}{t_1 - t_1'} = e^{-F m_1}$$

Je mehr sich B_1 dem C_1 (s. Abb. 13a und 13b) nähert, um so mehr nähert sich auch D_1 dem C_1.

In diesem Zusammenhang ist es wichtig, ganz allgemein die möglichen Lagen der beiden Punkte B und D zu den Fundamentalpunkten A und C zu studieren. Dies soll in dem folgenden Abschnitt geschehen.

b) Lage und Bedeutung der Trennungspunkte B und D zu den Fundamentalpunkten A und C

In Abb. 14 ist die gegenseitige Lage der vier harmonischen Punkte A, B, C, D bei gegebener Temperaturdifferenz $(t_1 - t_1') = AC$ und verschiedenen Verhältnissen $\varphi = q_1\gamma_1 c_1/q_2\gamma_2 c_2$ dargestellt. Als Fundamentalpunkte werden hier angesehen die Temperatur t_1 der heißen Flüssigkeit (Punkt A) und die Temperatur t_1' der kalten Flüssigkeit (Punkt C). Die zugeordneten Punkte B und D trennen die Fundamentalpunkte innerlich und äußerlich in dem gleichen Verhältnis φ. Der die Fundamentalpunkte A und C innerlich trennende Punkt B stellt die Grenztemperatur $(t_\infty)_e$ für den Gleichstrom, der die Fundamentalpunkte äußerlich trennende Punkt D stellt die Grenztemperatur $(t_\infty)_0$ für den Gegenstrom dar. Hat φ den theoretischen Wert $\varphi = q_1\gamma_1 c_1/q_2\gamma_2 c_2 = 0$, so heißt dies, daß mit einer unendlich großen Kühlflüssigkeitsmenge $q_2 = \infty$ gekühlt wird. Nach Abb. 14 fallen hierfür die beiden zugeordneten Trennpunkte B und D mit dem Fundamentalpunkt C (t_1') zusammen, $(t_\infty)_e$ und $(t_\infty)_0$ werden gleich t_1'. Das heißt: Bei unendlich großer Kühlflüssigkeitsmenge q_2 ist es gleichgültig, ob im Gleichstrom oder Gegenstrom gearbeitet wird, da sich ja das Kühlwasser nicht erwärmt. Wird φ größer, etwa $\varphi = 0{,}25$ in Abb. 14, so lösen sich B und D von ihrer Lage C bei $\varphi = 0$. In dem gezeichneten Beispiel mit $t_1 = 85\,^\circ$ C und $t_1' = 70\,^\circ$ C wandert B um $3\,^\circ$ C nach oben und D um $5\,^\circ$ C nach unten. Für $\varphi = 0{,}5$ wandert B nach $75\,^\circ$ C und D nach $55\,^\circ$ C. Für $\varphi = 0{,}75$ gelangt B nach $76{,}4\,^\circ$ C und D nach

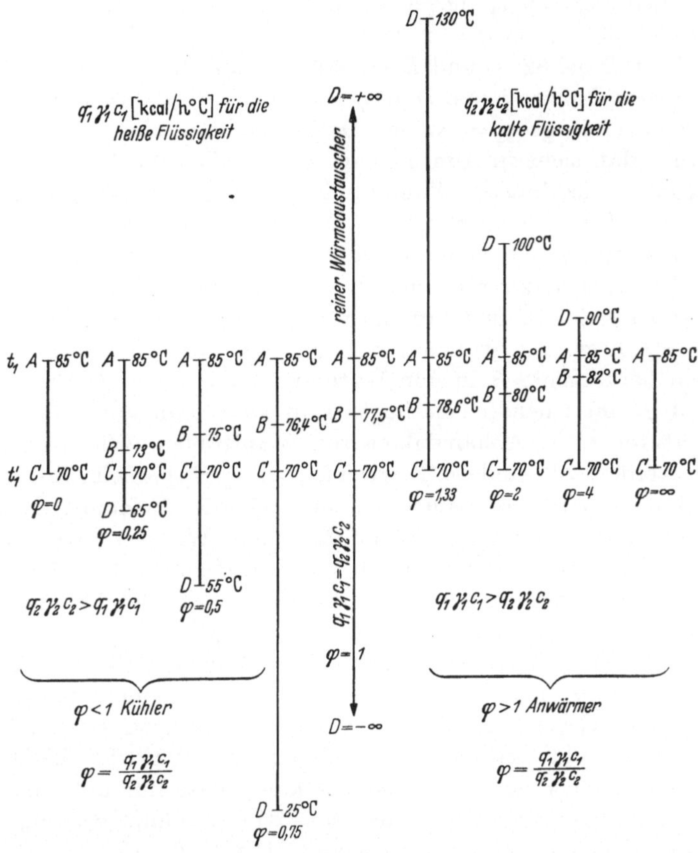

Abb. 14
Lage der vier harmonischen Punkte A, B, C, D bei den verschiedenen Wärmeaustauscherarten

$25\,^\circ$ C. Wird der charakteristische Wert φ auf 1 erhöht, dann liegt für den Gleichstrom B bei $77{,}5\,^\circ$ C in der Mitte zwischen A und C, während D für den Gegenstrom nach $D = -\infty$ wandert. Der Wert $\varphi = 1$ bedeutet, daß $q_1\,\gamma_1\,c_1 = q_2\,\gamma_2\,c_2$ ist, d. h. die in der heißen Flüssigkeit enthaltenen kcal/h $^\circ$ C sind ebenso groß wie die in der kalten Flüssigkeit enthaltenen kcal/h $^\circ$ C. In diesem Fall wird also der Kühler zum reinen Wärmeaustauscher. Ist $\varphi > 1$, so ist $q_1\,\gamma_1\,c_1 > q_2\,\gamma_2\,c_2$, d. h. der Austauschapparat wird zum Anwärmer. Nach Abb. 14 wandert hierfür

B zwischen AC weiter auf A zu, B liegt näher an A, und D kommt aus dem Unendlichen von der anderen Seite $D = +\infty$. D liegt nun beim Anwärmer auf der Seite von A und nicht mehr auf der Seite von C wie beim Kühler. Dies ist einleuchtend, weil ja der die Fundamentalpunkte A und C äußerlich trennende Punkt D auf der Seite der größeren Menge, also hier $q_1 \gamma_1 c_1$, liegen muß. Bei $\varphi = 1{,}33$ liegt B bei $78{,}6\,°\,C$ und D bei $130\,°\,C$, bei $\varphi = 2$ liegt B bei $80\,°\,C$ und D bei $100\,°\,C$, bei $\varphi = 4$ liegt B bei $82\,°\,C$ und D bei $90\,°\,C$. Schließlich fallen die beiden zugeordneten Punkte B und D für $\varphi = \infty$ nach A. $\varphi = \infty$ bedeutet, daß die heizende Menge $q_1 = \infty$ ist. Daher bleibt t_1 als Heiztemperatur konstant. Man sieht in Abb. 14 ganz anschaulich die Verschiedenheit im Verhalten des inneren Trennpunktes $B(t_\infty)_e$ für Gleichstrom von dem des äußeren Trennpunktes $D(t_\infty)_0$ für Gegenstrom. B wandert von C für $\varphi = 0$ nach A für $\varphi = \infty$, ohne eine Unstetigkeitsstelle überbrücken zu müssen. D wandert von C für $\varphi = 0$ nach $D = -\infty$ für $\varphi = 1$ und kommt von $D = +\infty$ für $\varphi = 1$ nach A. Für $\varphi = 1$ liegt, wie ja aus der Lehre von den vier harmonischen Punkten hervorgeht, B in der Mitte zwischen A und C bei $77{,}5\,°\,C$, während D im Unendlichen liegt. Man kann nun auch die Grenztemperaturen t_∞ in Abhängigkeit von φ auftragen. Wie noch später gezeigt werden soll, sind die Kurven $t_\infty = f(\varphi)$ Hyperbeln. Bevor diese Darstellung möglich ist, müssen aber noch die Gleichungen für die Anwärmer mit $\varphi > 1$ und die für die reinen Wärmeaustauscher mit $\varphi = 1$ behandelt werden. Die gesamte Harmonie der Wärmeaustauscher drückt nichts anderes als das Gesetz von der Erhaltung der Energie aus und gestattet zugleich einen Vergleich zwischen Gleichstrom und Gegenstrom. Die Darlegungen zeigen, daß beim Gleichstrom nur Grenztemperaturen zwischen den Fundamentalpunkten A und C, beim Gegenstrom jedoch Grenztemperaturen außerhalb der Fundamentalpunkte zu erreichen sind. Für den Praktiker heißt dies: Beim Kühlen einer heißen Flüssigkeit kann diese nur auf eine Temperatur innerhalb des Intervalls $(t_1 - t_1')$ abgekühlt werden, wenn man das Gleichstromprinzip anwendet. Die heiße Flüssigkeit kann jedoch tiefer gekühlt werden beim Gegenstromprinzip. Beim Wärmen einer kalten Flüssigkeit kann diese nur auf eine Temperatur innerhalb des Intervalls $(t_1 - t_1')$ erwärmt werden, wenn man das Gleichstromprinzip anwendet. Die kalte Flüssigkeit kann jedoch höher erwärmt werden beim Gegenstromprinzip.

6. Aufgabe. $q_1 = 50\ \mathrm{m^3/h}$ heiße Flüssigkeit vom spez. Gewicht $\gamma_1 = 800\ \mathrm{kg/m^3}$ und der spez. Wärme $c_1 = 0{,}5\ \mathrm{kcal/kg\ °C}$ fließen einem Kühler mit der Temperatur $t_1 = 90\,°\,C$ zu und sollen auf $t_2 = 30\,°\,C$ abgekühlt werden. Es stehen $q_2 = 40\ \mathrm{m^3/h}$ Kühlwasser mit der Temperatur $t_w = 20\,°\,C$ zur Verfügung. Es soll an Hand einer Skizze unter-

sucht werden, ob nach dem Gleichstromprinzip die heiße Flüssigkeit
bis auf 30° C abgekühlt werden kann und wie groß gegebenenfalls die
erforderliche Kühlfläche sein muß. Ferner soll untersucht werden, wie
groß bei dem Gegenstromprinzip die erforderliche Kühlfläche wird
und wie tief mit dieser die heiße Flüssigkeit nach dem Gleichstromprinzip gekühlt werden kann. Die Wärmedurchgangszahl möge
$k = 500$ kcal/m² h °C betragen.

Lösung. Zunächst errechnet man sich aus den gegebenen Größen
die Werte $q_1\,\gamma_1\,c_1$, $q_2\,\gamma_2\,c_2$, m_1 und φ.

Man findet:

$$q_1\,\gamma_1\,c_1 = 50 \cdot 800 \cdot 0,5 = 20\,000 \text{ kcal/h}° \text{C}$$

$$q_2\,\gamma_2\,c_2 = 40 \cdot 1000 \cdot 1 = 40\,000 \text{ kcal/h}° \text{C}$$

Hieraus ergibt sich:

$$\varphi = \frac{q_1\gamma_1 c_1}{q_2\gamma_2 c_2} = \frac{20\,000}{40\,000} = \frac{1}{2}$$

Die Größe m_1 findet man zu:

$$m_1 = \frac{k}{q_1\gamma_1 c_1} = \frac{500}{20\,000} = \frac{1}{40}$$

Für die weitere Behandlung der Aufgabe fertigt man sich eine Hand-
skizze an (s. Abb. 15a u. b).

Für den Gleichstrom kann man als Eintrittstemperatur der kalten

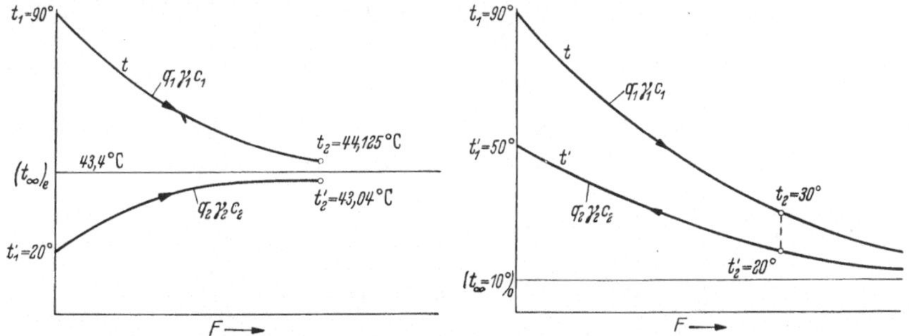

Abb. 15a. Skizze zur 6. Aufgabe (Gleichstrom)   Abb. 15b. Skizze zur 6. Aufgabe (Gegenstrom)

Flüssigkeit einsetzen $t_1' = 20°$ C. Durch diese Temperatur ist beim
Gleichstrom die Grenztemperatur $(t_\infty)_e$ festgelegt:

$$(t_\infty)_e = t_1 - \frac{1}{1+0,5}(t_1 - t_1') = 90 - \frac{70}{1,5} = 43,4° \text{C}$$

Die heiße Flüssigkeit kann also im Gleichstromkühler bei unendlich
großer Kühlfläche nur die Temperatur 43,4° C erreichen und niemals
30° C. Das heißt, daß ein Gleichstromverfahren für diese Aufgabe nicht
in Frage kommen kann.

Beim Gegenstrom wählt man als Grenztemperatur $(t_\infty)_0 = 10^\circ\,$C und hofft, daß die Kühlwassertemperatur für $t_2 = 30^\circ\,$C dann $t_2' = 20^\circ\,$C wird. Sollte aber die weitere Rechnung eine kleinere Wassertemperatur als $20^\circ\,$C ergeben, so muß man die Rechnung wiederholen mit $(t_\infty)_0 > 10^\circ\,$C. Aus Gl. (36):

$$t_\infty = t_1 - \frac{1}{1 - \varphi}\,(t_1 - t_1')$$

berechnet man mit $t_\infty = 10$, $t_1 = 90$ und $\varphi = \tfrac{1}{2}$:

$$(t_1 - t_1') = (t_1 - t_\infty)\,(1 - \varphi) = (90 - 10)\,\tfrac{1}{2} = 40^\circ\,\text{C}$$

Aus Gl. (37) errechnet man F wie folgt:

$$\frac{t_2 - t_\infty}{t_1 - t_1'} = \frac{1}{1 - \varphi}\,e^{-F\,m_1(1-\varphi)}$$

Für $t_2 = 30^\circ\,$C, $t_\infty = 10^\circ\,$C, $t_1 - t_1' = 40^\circ\,$C, $\varphi = \dfrac{1}{2}$, $m = \dfrac{1}{40}$ wird:

$$20 = 80\,e^{-0,0125\,F}$$

$$0,0125\,F = \ln 4 = 1,3863$$

$$F = 111\,\text{m}^2$$

t_2' folgt aus der Beziehung:

$$\frac{t_2 - t_\infty}{t_2' - t_\infty} = \frac{1}{\varphi}$$

$$\frac{20}{t_2' - 10} = 2$$

und

$$t_2' = 20^\circ\,\text{C}$$

Würde man mit derselben Kühlfläche $F = 111$ m^2 nach dem Gleichstromverfahren kühlen, so wäre nach Gln. (34) und (35):

$$\frac{t_2 - 43,4}{70} = \frac{1}{1,5}\,e^{-111\cdot\frac{1}{40}\cdot 1,5} = \frac{1}{1,5}\,e^{-4,16}$$

$$t_2 - 43,4 = \frac{1}{1,5}\cdot 0,0155 \cdot 70$$

$$t_2 = \frac{70 \cdot 0,0155}{1,5} + 43,4 = 44,13^\circ\,\text{C}$$

Aus der Beziehung:

$$\frac{t_\infty - t_2'}{t_2 - t_\infty} = \frac{43,4 - t_2'}{0,725} = \varphi = \frac{1}{2}$$

folgt:

$$t_2' = 43,4 - 0,36 = 43,04^\circ\,\text{C}$$

c) Gleichstrom- und Gegenstromanwärmer

Für die Anwärmer ist die Kenngröße $\varphi = \dfrac{q_1\gamma_1 c_1}{q_2\gamma_2 c_2} > 1$. Aus der Darstellung der harmonischen Beziehungen auf Abb. 14 ersieht man, daß mit wachsenden Werten von φ der den *Gleichstrom* kennzeichnende Punkt B vom Halbierungspunkt B der Strecke $A\,C$ für $\varphi = 1$ zum oberen Fundamentalpunkt A (Temperatur t_1) für $\varphi = \infty$ wandert,

und daß der den *Gegenstrom* kennzeichnende Punkt D von $D = +\infty$ ($t_\infty = +\infty$) für $\varphi = 1$ ebenfalls zum oberen Fundamentalpunkt A für $\varphi = \infty$ wandert. Für den Fall $\varphi = \infty$ ist es wieder gleichgültig, ob nach dem Gleichstromverfahren oder dem Gegenstromverfahren gearbeitet wird. In Abb. 16a ist der Temperaturverlauf für den Gleichstromanwärmer, in Abb. 16b für den Gegenstromanwärmer schematisch dargestellt. Beim Gleichstrom *fällt*, genau wie beim Kühler, mit zunehmender Austauschfläche F die Temperatur t der *heißen* Flüssigkeit und *steigt* die Temperatur t' der *kalten* Flüssigkeit. Der einzige Unterschied zwischen Anwärmer und Kühler ist nur der, daß beim

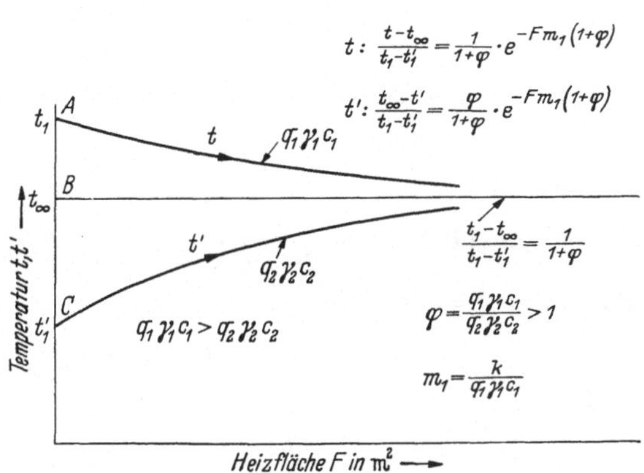

Abb. 16a. Temperaturverlauf $t = f(F)$ und $t' = f(F)$ beim Gleichstromanwärmer

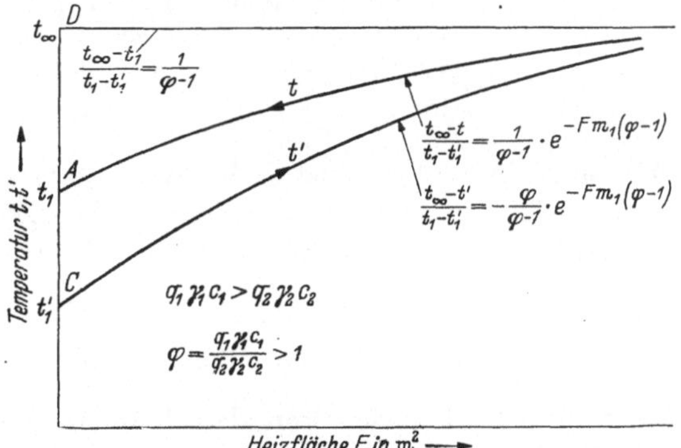

Abb. 16b. Temperaturverlauf $t = f(F)$ und $t' = f(F)$ beim Gegenstromanwärmer

Kühler die t'-Kurve näher an der Grenzgeraden t_∞ liegt, beim Anwärmer jedoch die t-Kurve. Für den Gleichstrom gelten deshalb auch dieselben Gln. (33) bis (35):

$$t_\infty = t_1 - \frac{1}{1 + \varphi}\,(t_1 - t_1') \tag{49}$$

$$\frac{t - t_\infty}{t_1 - t_1'} = \frac{1}{1 + \varphi}\,e^{-F\,m_1(1+\varphi)} \tag{50}$$

$$\frac{t_\infty - t'}{t_1 - t_1'} = \frac{\varphi}{1 + \varphi}\,e^{-F\,m_1(1+\varphi)} \tag{51}$$

Hierbei ist wieder:

$$m_1 = \frac{k}{q_1 \gamma_1 c_1} \tag{52}$$

$$\varphi = \frac{q_1 \gamma_1 c_1}{q_2 \gamma_2 c_2} > 1 \tag{53}$$

Für $\varphi = \infty$, also $q_1 \gamma_1 c_1 = \infty$, wird nach Gl. (49)

$$t_\infty = t_1$$

ferner:

$$m_1(1 + \varphi) = \frac{k}{q_1 \gamma_1 c_1} \left(1 + \frac{q_1 \gamma_1 c_1}{q_2 \gamma_2 c_2}\right) = \frac{k}{q_1 \gamma_1 c_1} + \frac{k}{q_2 \gamma_2 c_2}$$

Für $q_1 \gamma_1 c_1 = \infty$ wird:

$$m_1(1 + \varphi) = \frac{k}{q_2 \gamma_2 c_2}$$

und

$$\frac{t_\infty - t'}{t_1 - t_1'} = e^{-\frac{Fk}{q_2 \gamma_2 c_2}}$$

$$\left(\frac{\varphi}{1 + \varphi}\right)_{\varphi=\infty} = \left(\frac{1}{\frac{1}{\varphi} + 1}\right)_{\varphi=\infty} = 1$$

$$t' = t_1 - (t_1 - t_1') \, e^{-\frac{Fk}{q_2 \gamma_2 c_2}} \tag{54}$$

Wie aus Abb. 16b ersichtlich, steigt mit zunehmender Austauschfläche F die Temperatur t der heißen Flüssigkeit und die Temperatur t' der kalten Flüssigkeit beim *Gegenstrom*. Hieraus folgen die Gleichungen:

$$q_1 \gamma_1 c_1 \, dt = +k \, dF \, (t - t') \tag{55a}$$

$$q_2 \gamma_2 c_2 \, dt' = +k \, dF \, (t - t') \tag{55b}$$

Sie unterscheiden sich von den Kühlergleichungen (24a) und (24b) nur durch das Vorzeichen von $k \, dF$. Würde man deshalb in den Differentialgleichungen (55a) und (55b) statt $m_1 = k/q_1 \gamma_1 c_1$ den Wert $-m_1$ und statt $m_2 = k/q_2 \gamma_2 c_2$ den Wert $-m_2$ einsetzen, so würden sie nach der Integration dieselbe Lösung ergeben wie die Integration von Gln. (24a) und (24b). Der Wert φ brauchte nicht geändert zu werden, da ja $\frac{-m_1}{-m_2} = +\frac{m_1}{m_2} = +\varphi$ ist. Statt $m_1(1 - \varphi)$ müßte gesetzt werden:

$$-m_1(1 - \varphi) = +m_1(\varphi - 1)$$

Nach diesen Bemerkungen lassen sich die Gleichungen für den Anwärmer mit $\varphi > 1$ sofort auf Grund der Gln. (36), (37) und (38) hinschreiben:

$$\frac{t_1 - t_\infty}{t_1 - t_1'} = \frac{1}{1 - \varphi} \tag{56a}$$

$$\text{oder} \qquad t_\infty = t_1 + \frac{t_1 - t_1'}{\varphi - 1} \qquad (56\,\mathrm{b})$$

$$\frac{t_\infty - t}{t_1 - t_1'} = \frac{1}{\varphi - 1} \cdot e^{-F m_1 (\varphi - 1)} \qquad (57)$$

$$\frac{t_\infty - t'}{t_1 - t_1'} = \frac{\varphi}{\varphi - 1} \, e^{-F m_1 (\varphi - 1)} \qquad (58)$$

t_∞ wird also bei $\varphi > 1$ größer als t_1. An einer beliebigen Stelle wird hier:

$$\frac{D C}{A D} = \frac{t_\infty - t'}{t_\infty - t} = \varphi \qquad (59)$$

d) Die Abhängigkeit von t_∞ und φ beim Kühler und Anwärmer

Es ist zweckmäßig und gleichzeitig lehrreich, die Beziehungen zwischen den beiden zugeordneten Punkten B ($= t_\infty$ bei Gleichstrom) und D ($= t_\infty$ bei Gegenstrom), welche die Fundamentalpunkte A ($= t_1$) und C ($= t_1'$) innerlich und äußerlich in dem gleichen Verhältnis φ trennen, auch als $t_\infty = f(\varphi)$ für gegebenes, konstantes $(t_1 - t_1')$ in einer Kurve bildlich darzustellen. Diese Funktion muß, wie aus Abb. 14 hervorgeht, auf dem einstufigen Grundgebilde des Trägers mit den vier harmonischen Punkten A, B, C, D begründet sein. Die Kurve muß als Erzeugnis von einstufigen Grundgebilden nach den Lehren der Geometrie der Lage ein Kegelschnitt sein [22]. Zunächst soll wegen der anschaulicheren Darstellungsmöglichkeit die Kurve für Kühler und Anwärmer im Gegenstrom behandelt werden. Der Betrag der Grenztemperatur $|t_\infty|$ wächst mit zunehmendem φ beim Kühler, um im Unendlichen bei $\varphi = 1$ den Wert $t_\infty = -\infty$ [1] anzunehmen. Die Kurve berührt im Unendlichen die Senkrechte durch $\varphi = +1$. Für den Anwärmer kommt die Kurve bei $\varphi = 1$ aus dem Unendlichen $t_\infty = +\infty$ [1] und berührt, wie aus Abb. 14 hervorgeht, die waagerechte Temperaturgerade t_1 im Unendlichen. Für irgendeine konstant gehaltene Temperaturdifferenz $(t_1 - t_1')$ muß demnach der die Beziehung darstellende Kegelschnitt eine gleichseitige Hyperbel mit den Asymptoten $t = t_1$ und $\varphi = 1$ sein. Da die beiden Asymptoten gegeben sind und mit ihnen je 2 Kurvenpunkte als Berührungspunkte im Unendlichen, so sind dadurch 4 Punkte gegeben. Da zur Konstruktion eines Kegelschnittes insgesamt 5 Punkte erforderlich sein müssen, so brauchen nur noch die Werte t_1 und t_1' bekannt zu sein. Man kann alsdann für alle möglichen Werte von $(t_1 - t_1')$ die zugehörigen Kühler-Anwärmer-Hyperbeln konstruieren. Zu diesem Ergebnis kann man auch rein analytisch gelangen.

---

[1] $-\infty$ und $+\infty$ bezeichnet ein und denselben Punkt, den unendlich fernen Punkt $\pm\infty$.

Für den *Kühler* im Gegenstrom gilt Gl. (36):

$$t_\infty = t_1 - \frac{t_1 - t_1'}{1 - \varphi}$$

Für den *Anwärmer* im Gegenstrom gilt Gl. (56b):

$$t_\infty = t_1 + \frac{t_1 - t_1'}{\varphi - 1}$$

Beim *Kühler* ($\varphi < 1$) ist:

$$\begin{array}{lll} \text{für} & \varphi = 0 & t_\infty = t_1' \\ \text{für} & \varphi = 1 & t_\infty = -\infty \\ \text{für} & \varphi = -\infty & t_\infty = t_1 \end{array}$$

Beim Kühler liegt demnach die Asymptotentemperatur für $\varphi = 1$ bei $t_\infty = -\infty$ und das Asymptotenverhältnis φ für $t_\infty = t_1$ bei $\varphi = -\infty$.

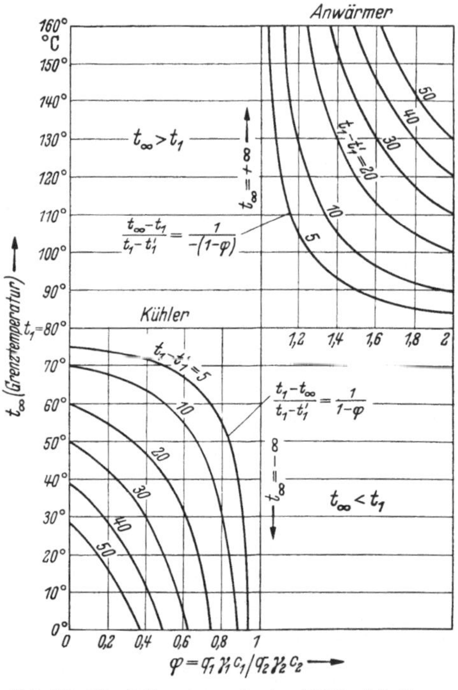

Beim *Anwärmer* ($\varphi > 1$) ist:

$$\begin{array}{lll} \text{für} & \varphi = 1 & t_\infty = +\infty \\ \text{für} & \varphi = +\infty & t_\infty = t_1 \end{array}$$

Beim Gegenstrom werden die beiden Wärmeaustauscherarten durch ein und dieselbe Kurve dargestellt:

$$(t_1 - t_\infty)(1 - \varphi) = (t_1 - t_1') \tag{60}$$

Auf Abb. 17 ist die für Kühler und Anwärmer gültige gleichseitige Hyperbel nach Gl. (60) gezeichnet. Die unteren Zweige der Hyperbel gelten für den Kühler, die oberen für den Anwärmer. In der senkrechten Asymptote mit $\varphi = 1$ geht der Kühler des Gegenstromes in den Anwärmer des Gegenstromes über. Bei $\varphi = 1$ liegt der reine Wärmeaustauscher mit

$$q_1 \gamma_1 c_1 = q_2 \gamma_2 c_2 = q \gamma c.$$

Abb. 17. Darstellung von t_∞ in Abhängigkeit von φ für $t_1 = 80\,°\text{C}$ beim Gegenstrom; $(t_1 - t_\infty)(1 - \varphi) = t_1 - t_1'$

Für den *Gleichstromkühler* gilt Gl. (33):

$$t_\infty = t_1 - \frac{1}{1 + \varphi}(t_1 - t_1')$$

oder etwas umgeformt:
$$\frac{t_1 - t_\infty}{t_1 - t_1'} = \frac{1}{1 + \varphi}$$

Für den *Gleichstromanwärmer* gilt Gl. (49), die dieselbe wie Gl. (33) ist. Man schreibt sie:
$$\frac{t_1 - t_\infty}{t_1 - t_1'} = \frac{1}{1 + \varphi}$$

$$\frac{t_\infty - t_1}{t_1 - t_1'} = \frac{1}{-(1 + \varphi)}$$

Für den Gleichstrom findet man demnach:

$$(t_1 - t_\infty)\,(1 + \varphi) = (t_1 - t_1') \tag{61}$$

Gl. (61) stimmt bis auf das Vorzeichen von φ mit Gl. (60) überein. Wäre in Gl. (61) φ negativ, so wären beide Gleichungen identisch. Das heißt: Werden die Gegenstromhyperbeln in Abb. 17 an der Ordinatenachse $\varphi = 0$ gespiegelt, so erhält man die Gleichstromhyperbeln in Abb. 18. Allerdings gelten diese gespiegelten Hyperbeln nur für

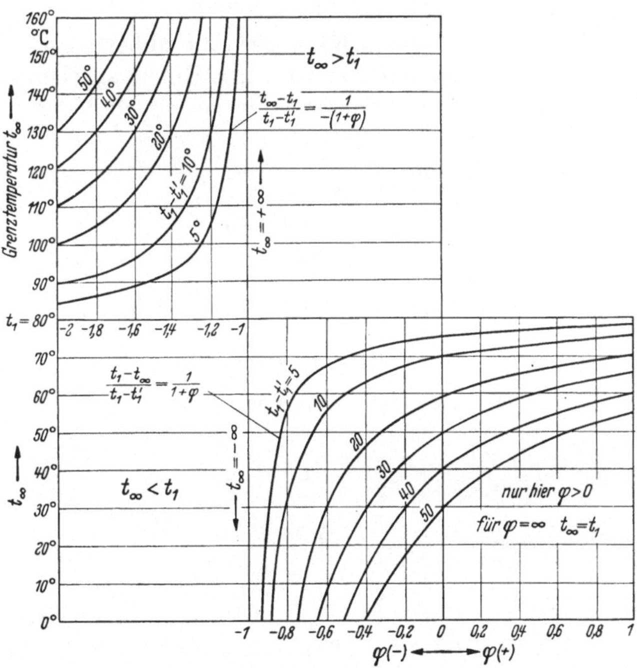

Abb. 18. Darstellung von t_∞ in Abhängigkeit von φ für $t_1 = 80\,^\circ$C beim Gegenstrom; $(t_1 - t_\infty)\,(1 + \varphi) = t_1 - t_1'$

negative Werte von φ, haben also keinen praktischen Sinn und zeigen nur die mathematische Verwandtschaft zwischen den gleichseitigen Hyperbeln des *Gegenstromes* Gl. (60) und denen des *Gleichstromes*

Gl. (61). Als der in der Praxis zu verwirklichende Teil der gleichseitigen Hyperbeln kommt beim *Gleichstrom* nur der rechte Teil von Abb. 18 für $0 < \varphi < \infty$ in Frage. Daraus geht hervor, daß für den Gleichstromkühler die Grenztemperatur t_∞ zwischen t_1' und $(t_1 + t_1')/2$ liegt und für den Gleichstromanwärmer zwischen $(t_1 + t_1')/2$ und t_1. Diese Tatsache konnte bereits aus Abb. 14 qualitativ erkannt werden, während nun Abb. 18 und Gl. (61) auch quantitativ den Verlauf von t_∞ mit φ zeigen.

e) Der reine Wärmeaustauscher für $\varphi = 1$

Betrachtet man die Gln. (36), (37) und (38) für den *Kühler im Gegenstrom*, so findet man nach einigen leichten Umformungen:

$$t = (t_1 - t_1') \left[\frac{e^{-F m_1 (1-\varphi)} - 1}{1 - \varphi} \right] + t_1$$

$$t' = (t_1 - t_1') \left[\frac{\varphi \, e^{-F m_1 (1-\varphi)} - 1}{1 - \varphi} \right] + t_1$$

Für $\varphi = 1$ nehmen die eckigen Klammern die unbestimmte Form 0/0 an. Man kann jedoch mit der BERNOULLI-L'HOSPITALschen Regel [*23*] durch Bildung der Differentialquotienten zeigen, daß der

$$\text{Grenzwert} \lim_{\varphi \to 1} \left[\frac{e^{-F m_1 (1-\varphi)} - 1}{1 - \varphi} \right] = - F m_1$$

und der

$$\text{Grenzwert} \lim_{\varphi \to 1} \left[\frac{\varphi \, e^{-F m_1 (1-\varphi)} - 1}{1 - \varphi} \right] = - (1 + F m_1)$$

wird. Man erhält somit für die Temperaturen t und t':

$$t = - (t_1 - t_1') \, F m_1 + t_1 \tag{62a}$$

$$t' = - (t_1 - t_1') \, F m_1 + t_1' \tag{63a}$$

oder auch

$$\frac{t_1 - t}{t_1 - t_1'} = F m_1 \qquad t_1 > t \tag{62b}$$

$$\frac{t_1' - t'}{t_1 - t_1'} = F m_1 \qquad t_1' > t' \tag{63b}$$

Für $F = 0$ werden $t = t_1$ und $t' = t_1'$ und für $F = \infty$ werden $t = -\infty$ und $t' = -\infty$. Die Gln. (62a) und (63a) zeigen, daß $t = f(F)$ und $t' = f(F)$ gerade, parallele Linien mit der Neigung $\operatorname{tg}\alpha = dt/dF = - m_1 (t_1 - t_1')$ sind. Ferner ist wegen $\varphi = 1$ $m_1 = m_2 = m = k/q \gamma c$.

Betrachtet man die Gln. (56b), (57) und (58) für den *Anwärmer im Gegenstrom*, so findet man nach einigen leichten Umformungen:

$$t = (t_1 - t_1') \left[\frac{1 - e^{-F m_1 (\varphi - 1)}}{\varphi - 1} \right] + t_1$$

und
$$t' = (t_1 - t_1') \left[\frac{1 - \varphi\, e^{-F m_1 (\varphi - 1)}}{\varphi - 1} \right] + t_1$$

Für $\varphi = 1$ nehmen die eckigen Klammern die Grenzwerte an:

$$\lim_{\varphi \to 1} \left[\frac{1 - e^{-F m_1 (\varphi - 1)}}{\varphi - 1} \right] = + F\, m_1$$

$$\lim_{\varphi \to 1} \left[\frac{1 - \varphi\, e^{-F m_1 (\varphi - 1)}}{\varphi - 1} \right] = F\, m_1 - 1$$

Hieraus ergibt sich:

$$t = (t_1 - t_1')\, F\, m_1 + t_1 \tag{64a}$$

$$t' = (t_1 - t_1')\, F\, m_1 + t_1' \tag{65a}$$

oder:

$$\frac{t - t_1}{t_1 - t_1'} = F\, m_1 \qquad t > t_1 \tag{64b}$$

$$\frac{t' - t_1'}{t_1 - t_1'} = F\, m_1 \qquad t' > t_1' \tag{65b}$$

Für $F = 0$ werden $t = t_1$ und $t' = t_1'$ und für $F = \infty$ werden $t = +\infty$ und $t' = +\infty$. Auch hier sind Gln. (64a) und (65a) die Gleichungen

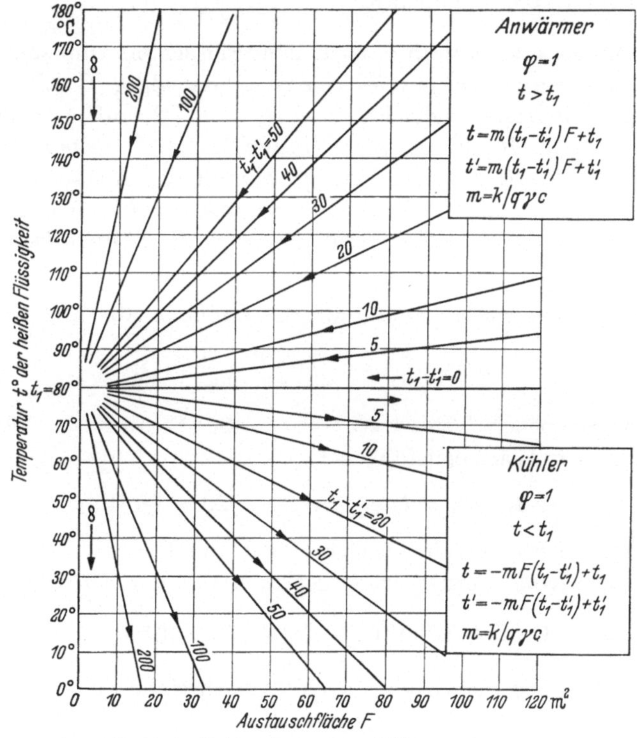

Abb. 19. Temperaturverlauf beim Reinen Gegenstrom-Wärmeaustauscher. $t = f(F)$, $t_1 = 80°\mathrm{C}$, $m = k/q\gamma c = 500/20\,000 = 1/40$

zweier paraller Geraden, jedoch mit der Neigung $\operatorname{tg}\alpha = dt/dF = +m_1(t_1 - t_1')$. Hier gilt ebenfalls wegen $\varphi = 1$ $m_1 = m_2 = m = k/q\gamma c$.

Nach Abb. 14 liegt beim *Gleichstrom* für $\varphi = 1$ der innere Punkt B in der Mitte von $AC = (t_1 - t_1')$, während beim *Gegenstrom* für $\varphi = 1$ der äußere Punkt D von $D = -\infty$ für den Kühler allmählich nach $D = +\infty$ für den Anwärmer übergeht. Dieser Übergang wird analytisch durch die Gln. (62a), (63a), (64a) und (65a) wiedergegeben. In Abb. 19 ist er anschaulich dargestellt. Hier ist der Temperaturverlauf $t = f(F)$ der heißen Flüssigkeit beim reinen Gegenstromwärmeaustauscher ($\varphi = 1$) für $t_1 = 80°$ C und $m = k/q\gamma c = 500/20000 = 1/40$ in Abhängigkeit von der Austauschfläche F dargestellt. Aus den Gln. (62a) und (63a) für den Kühler und aus den Gln. (64a) und (65a) für den Anwärmer erkennt man, daß die Neigung der Temperaturgeraden $t = f(F)$ sich mit der Temperaturdifferenz $(t_1 - t_1')$ ändert und daß sie für den Kühler negativ, für den Anwärmer positiv ist. Für $(t_1 - t_1') = 0$, wenn also kein Temperaturgefälle zwischen den beiden Phasen besteht, kann nach dem 2. Hauptsatz der Thermodynamik keine Wärme von der heißen zur kalten Flüssigkeit übergehen. Die Temperatur t_1 bleibt konstant.

7. Aufgabe. $q = 40$ m³/h einer heißen Flüssigkeit vom spez. Gewicht $\gamma = 800$ kg/m³ und der spez. Wärme $c = 0{,}5$ kcal/kg °C sollen in einem Gegenstrom-Wärmeaustauscher von $t_1 = 80°$ C auf $t_2 = 30°$ C abgekühlt werden durch die gleich große Menge derselben Flüssigkeit, die mit $t_2' = 20°$ C zuläuft. Wie groß muß die Austauschfläche bemessen werden, wenn die Wärmedurchgangszahl $k = 500$ kcal/m² h °C beträgt, und auf welche Temperatur t_1' wird die kalte Flüssigkeit vorgewärmt?

Lösung. Zunächst rechnet man die Größe m aus und findet:

$$m = \frac{k}{q\gamma c} = \frac{500}{40 \cdot 800 \cdot 0{,}5} = \frac{1}{32}$$

Aus den gegebenen Temperaturen $t_2 = 30°$ C und $t_2' = 20°$ C folgt für den reinen Wärmeaustauscher:

$$t_1 - t_1' = t_2 - t_2' = 30 - 20 = 10° \text{C}$$

d. h. die kalte Flüssigkeit wird von $20°$ C auf $t_1' = t_1 - 10 = 80 - 10 = 70°$ C erwärmt. Ferner errechnet man mit den Größen:

$$t_2 = 30°\text{C}, \quad t_1 = 80°\text{C}, \quad (t_1 - t_1') = 10°\text{C}, \quad m = \frac{1}{32}$$

aus der Gl. (62a) die Größe der Austauschfläche zu:

$$F = \frac{(t_1 - t_2)}{(t_1 - t_1')\,m} = \frac{50 \cdot 32}{10} = 160 \text{ m}^2$$

8. Aufgabe. Entwickle die Gleichung für den reinen Gleichstrom-Wärmeaustauscher.

Lösung. Für den reinen Gleichstrom-Wärmeaustauscher hat man die Gln. (33), (34) und (35) zu benutzen und $\varphi = 1$ zu setzen. Hiernach wird die Grenztemperatur:

$$t_\infty = t_1 - \frac{t_1 - t_1'}{2} = \frac{t_1 + t'}{2}$$

Wie auch aus Abb. 14 zu erkennen ist, liegt der Punkt B für die Grenztemperatur in der Mitte zwischen A und C. Dies folgt ja auch daraus, daß der zu den Punkten A, B, C zugehörige vierte harmonische Punkt D des Gegenstromes im Unendlichen liegt.

Für den Verlauf der Temperaturen t und t' in Abhängigkeit von der Austauschfläche F gelten die für $\varphi = 1$ abgeänderten Gln. (34) und (35):

$$\frac{t - t_\infty}{t_1 - t_1'} = \frac{1}{2}\, e^{-2mF}$$

$$\frac{t_\infty - t'}{t_1 - t_1'} = \frac{1}{2}\, e^{-2mF}$$

Bei unendlich großer Austauschfläche $F = \infty$ kann die heiße Flüssigkeit höchstens auf $(t_1 + t_1')/2$ abgekühlt und die kalte Flüssigkeit auf diese Temperatur erwärmt werden.

9. Aufgabe. Beim Eintritt in einen Kühler hat die heiße Flüssigkeit die Temperatur $t_1 = 80°\,$C. Bei Benutzung des Gleichstromverfahrens soll die Grenztemperatur $(t_\infty)_e = 60°\,$C, bei Benutzung des Gegenstromverfahrens $(t_\infty)_0 = 20°\,$C betragen. Mit welcher Temperatur t_1' läuft dann beim Gleichstrom die kalte Flüssigkeit zu und beim Gegenstrom ab? Wie groß ist das Verhältnis φ? Es soll der zeichnerische und rechnerische Weg zur Ermittlung von t_1' und φ angegeben werden.

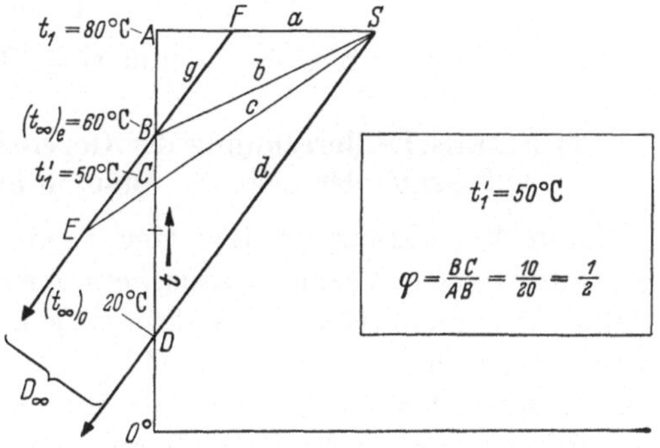

Lösung. a) *Zeichnerischer Weg.* Durch t_1, $(t_\infty)_e$ und $(t_\infty)_0$ sind drei von vier harmonischen Punkten gegeben, nämlich

$$A\ (t_1 = 80°\,\text{C}),$$
$$B\ (t_{\infty e} = 60°\,\text{C})$$

und $D\ (t_{\infty 0} = 20°\,$C). Zu diesen drei harmonischen Punkten A, B und D hat

Abb. 20. 9. Aufgabe: Gegeben: $A\,(t_1 = 80°)$, $B\,(t_{\infty e} = 60°)$, $D\,(t_{\infty 0} = 20°)$ Gesucht: $C\,(t_1' = 50°)$, $\varphi = BC/AB = \frac{1}{2}$

man durch Konstruktion den vierten $C\,(t_1')$ zu bestimmen. Die Konstruktion ist in Abb. 20 durchgeführt. Sie beruht auf folgendem Satz [24]:

Die Endpunkte F, E einer Strecke sind durch ihren Mittelpunkt B und den unendlich fernen Punkt D_∞ der Geraden FE harmonisch getrennt. Mit anderen Worten: Wenn von vier harmonischen Punkten einer (D_∞) unendlich fern liegt, so hälftet der ihm zugeordnete Punkt (B) die von den übrigen 2 Punkten (E und F) begrenzte Strecke [25]. In Abb. 20 zieht man also durch A eine an sich beliebige, hier zur t-Achse senkrecht stehende Gerade a. Durch B zieht man eine beliebige Gerade g, die a in F schneidet. FB verlängert man über B hinaus und trägt $EB = FB$ ab. Durch D zieht man eine Parallele d zu g. Diese schneidet a in S. S verbindet man durch die Gerade c mit E und erhält als Schnittpunkt der Geraden c mit der Temperaturachse den gesuchten Punkt C für $t_1' = 50°$ C. Die vom Zentrum S nach den vier harmonischen Punkten A, B, C, D gehenden Strahlen a, b, c, d sind vier harmonische Strahlen. Sie werden von jeder Geraden, also auch von g, und der Temperaturachse in vier harmonischen Punkten geschnitten. Das Verhältnis φ findet man aus $\varphi = BC/AB = \tfrac{1}{2}$.

b) *Rechnerischer Weg.* Für die rechnerische Lösung benutzt man die Gln. (33) und (36):

$$(t_\infty)_e = t_1 - \frac{1}{1 + \varphi}\,(t_1 - t_1') \tag{33}$$

$$(t_\infty)_0 = t_1 - \frac{1}{1 - \varphi}\,(t_1 - t_1') \tag{36}$$

Setzt man hierin für die gegebenen Werte $t_1 = 80°$ C, $(t_\infty)_e = 60°$ C und $(t_\infty)_0 = 20°$ C ein, so erhält man die folgenden beiden Gleichungen:

$$60 = 80 - \frac{1}{1 + \varphi}\,(80 - t_1')$$

$$20 = 80 - \frac{1}{1 - \varphi}\,(80 - t_1')$$

Hieraus findet man $\varphi = 0{,}5$ und $t_1' = 50°$ C.

f) Praktische Berechnung der Gegenstrom-Wärmeaustauscher auf Grund der Lage des äußeren harmonischen Punktes

Dem Verfahrensingenieur der Praxis wird die Aufgabe zur Berechnung eines Wärmeaustauschers meistens in folgender Form gestellt: In einem Gegenstromkühler soll eine gegebene Flüssigkeitsmenge ($q_1\,\mathrm{m^3/h}$, $\gamma_1\,\mathrm{kg/m^3}$, $c_1\,\mathrm{kcal/kg\,°C}$) von der Temperatur $t_1\,°$C auf die Temperatur $t_2\,°$C herabgekühlt werden. Die Kühlflüssigkeit ($q_2\,\mathrm{m^3/h}$, $\gamma_2\,\mathrm{kg/m^3}$, $c_2\,\mathrm{kcal/kg\,°C}$) läuft dem Kühler mit der Temperatur t_2' zu. Wie groß ist die erforderliche Kühlflüssigkeitsmenge $q_2\,\mathrm{m^3/h}$ bzw. das Verhältnis $\varphi = q_1\gamma_1 c_1 / q_2\gamma_2 c_2$, mit welcher Temperatur t_1' verläßt sie den Austauscher und wie groß muß die erforderliche Kühlfläche F sein, wenn die Wärmedurchgangszahl $k\,\mathrm{kcal/m^2\,h\,°C}$ ist.

Die Berechnung geschieht in folgender Weise: Auf Grund der harmonischen Beziehungen weiß man, daß beim Gegenstromkühler der äußere harmonische Punkt D, also die Grenztemperatur t_∞, in Frage kommt. Aus den Gln. (37) und (38) folgt nun:

$$\frac{t_2' - t_\infty}{t_2 - t_\infty} = \varphi = \frac{q_1\,\gamma_1\,c_1}{q_2\,\gamma_2\,c_2}$$

Hat man irgendein Verhältnis φ gewählt, so ergibt sich aus den nun gegebenen Werten t_2, t_2' und φ die Grenztemperatur t_∞ zu:

$$t_\infty = \frac{t_2' - \varphi\,t_2}{1 - \varphi}$$

Da nun jetzt t_∞ und φ bekannt sind, kann man auch t_1' errechnen aus:

$$\frac{t_1' - t_\infty}{t_1 - t_\infty} = \varphi$$

oder

$$t_1' = \varphi\,(t_1 - t_\infty) + t_\infty$$

Zur Berechnung der Kühlfläche F bedient man sich der Abb. 21, die nachstehend erklärt werden soll. Da bei jeder Aufgabe immer zu-

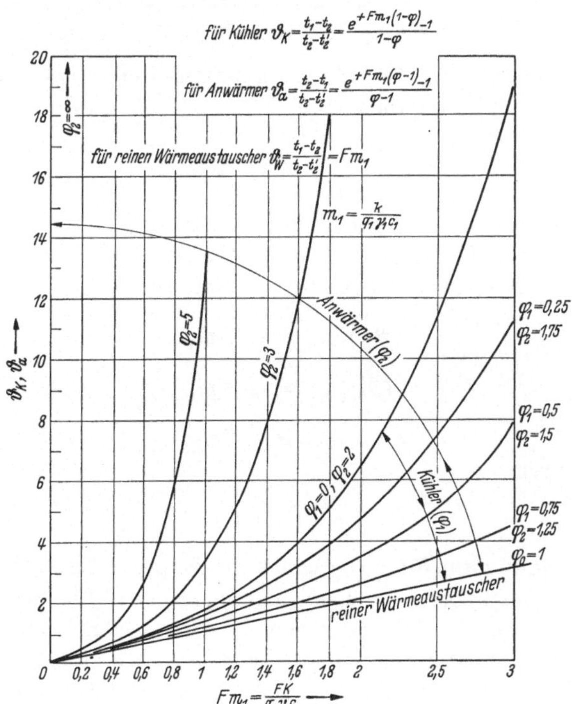

Abb. 21. Abhängigkeit des Temperaturverhältnisses ϑ von (Fm_1) für verschiedene φ-Werte

nächst t_1, t_2 und t_2' bekannt sind, ist es zweckmäßig, als Ordinate des Diagramms eine aus diesen Temperaturen gebildete dimensionslose Größe ϑ und als Abszisse die dimensionslose Größe $Fm_1 = Fk/q_1\gamma_1 c_1$ zu benutzen. Die Beziehungen zwischen ϑ und Fm_1 findet man aus obigen Gleichungen. Als Temperaturgrößen sollen eingeführt werden:

$$\vartheta_K = \frac{t_1 - t_2}{t_2 - t_2'} \quad \text{für den Kühler} \tag{66a}$$

$$\vartheta_a = \frac{t_2 - t_1}{t_2 - t_2'} \quad \text{für den Anwärmer} \tag{66b}$$

$$\vartheta_w = \frac{t_1 - t_2}{t_2 - t_2'} \quad \text{für den reinen Wärmeaustauscher} \tag{66c}$$

Aus Gln. (36) und (37) findet man:

$$t_1 - t_2 = \frac{t_1 - t_1'}{1 - \varphi}\left[1 - e^{-Fm_1(1-\varphi)}\right]$$

Aus Gln. (37) und (38) erhält man:

$$t_2 - t_2' = (t_1 - t_1')\,e^{-Fm_1(1-\varphi)}$$

Hieraus:

$$\vartheta_K = \frac{t_1 - t_2}{t_2 - t_2'} = \frac{e^{+Fm_1(1-\varphi)} - 1}{(1 - \varphi)} \tag{67}$$

In ganz ähnlicher Weise findet man aus den Gleichungen für den Anwärmer (56b), (57) und (58):

$$\vartheta_a = \frac{t_2 - t_1}{t_2 - t_2'} = \frac{e^{+Fm_1(\varphi-1)} - 1}{\varphi - 1} \tag{68}$$

Für $\varphi = 1$ (reiner Wärmeaustauscher) nehmen Gln. (67) und (68) auf der rechten Seite die unbestimmten Formen $0/0$ an. Nach der BERNOULLI-L'HOSPITALschen Regel findet man für:

$$(\vartheta_K)_{\varphi=1} = +Fm_1$$

und

$$(\vartheta_a)_{\varphi=1} = +Fm_1$$

also

$$\vartheta_w = +Fm_1 \tag{69}$$

Hierin bedeutet:

$$m_1 = \frac{k}{q_1\gamma_1 c_1}$$

In Abb. 21 sind nun für $\varphi_1 = $ const die Exponentialkurven für den Kühler von $\varphi_1 = 0$ bis $\varphi_0 < 1$ und für $\varphi_2 = $ const für den Anwärmer von $\varphi_0 > 1$ bis $\varphi_2 = \infty$ aufgetragen. Wie man sich leicht überzeugt, haben alle Exponentialkurven für $Fm_1 = 0$ die gleiche Tangente. Wenn die Werte $(1 - \varphi_1)$ für den Kühler gleich den Werten $(\varphi_2 - 1)$ für den Anwärmer werden, sind naturgemäß beide Exponentialkurven identisch, d. h. wenn:

$$1 - \varphi_1 = \varphi_2 - 1$$

oder

$$\varphi_1 + \varphi_2 = 2$$

In Abb. 21 liegen die Exponentialkurven des konstanten Wertes $\varphi = \varphi_1$ für die *Kühler* zwischen $\varphi_1 = 0$ und $\varphi_1 < 1$. Für den *reinen Wärmeaustauscher* $\varphi_0 = 1$ entartet die Exponentialkurve zu einer geraden Linie. Für die *Anwärmer* liegen die Exponentialkurven zwischen $\varphi_2 > 1$ und $\varphi_2 = \infty$. Von $\varphi_2 > 1$ bis $\varphi_2 = 2$ werden Kühler- und Anwärmerkurven für $\varphi_2 = 2 - \varphi_1$ identisch. Das Gebiet von $\varphi_1 = 0$ bis $\varphi_1 < 1$ wird also zum zweitenmal mit Kurven von $\varphi_2 > 1$ bis $\varphi_2 = 2$ belegt. Für den *Kühler* wachsen in diesem Gebiet die φ-Werte *von links nach rechts*, für den *Anwärmer von rechts nach links*. In der Geraden des reinen Wärmeaustauschers mit $\varphi_0 = 1$ hängen Kühler und Anwärmer zusammen. Die diese beiden Gebiete trennende Gerade in Abb. 21 folgt aus der gleichen Ursache wie in Abb. 17 die Hyperbelasymptote bei $\varphi = 1$. Hier geht nämlich, wie aus Abb. 14 hervorgeht, der äußere harmonische Punkt D von $-\infty^1$ für die Kühler, nach $+\infty^1$ für die Anwärmer über. Mit den Worten der „Geometrie der Lage" gesprochen, hängen Kühlergebiet und Anwärmergebiet im Unendlichen über den reinen Wärmeaustauscher zusammen.

10. Aufgabe. In einem Gegenstromkühler sollen $q_1 = 20$ m³/h einer heißen Flüssigkeit vom spez. Gewicht $\gamma_1 = 800$ kg/m³ und mit der spez. Wärme $c_1 = 0{,}5$ kcal/kg °C von $t_1 = 90°$ C auf $t_2 = 58°$ C abgekühlt werden. Die Kühlflüssigkeit läuft mit $t_2' = 50°$ C zu. Wie groß ist bei $\varphi_1 = q_1 \gamma_1 c_1 / q_2 \gamma_2 c_2 = 0{,}75$ die untere Grenztemperatur t_∞? Mit welcher Temperatur t_1' läuft die kalte Flüssigkeit ab? Wie groß muß die Wärmeübertragungsfläche F sein, wenn die Wärmedurchgangszahl $k = 500$ kcal/m² h °C beträgt?

Lösung. Aus den Gln. (37) und (38) folgt:

$$\frac{t_2' - t_\infty}{t_2 - t_\infty} = \varphi_1 = 0{,}75 = \frac{50 - t_\infty}{58 - t_\infty}$$

Hieraus findet man:

$$t_\infty = 26°\ C$$

Die Temperatur t_1' ergibt sich aus der gleichen Formel:

$$\varphi_1 = \frac{t_1' - 26}{90 - 26} = \frac{t_1' - 26}{64} = 0{,}75$$

$$t_1' = 74°\ C$$

---

^{1} $-\infty$ und $+\infty$ ist ein Punkt, der unendlich ferne Punkt.

Die Temperaturkenngröße ϑ_k ist nach Gl. (67):

$$\vartheta_k = \frac{t_1 - t_2}{t_2 - t_2'} = \frac{90 - 58}{58 - 50} = \frac{32}{8} = 4$$

Aus Abb. 21 liest man für $\vartheta_k = 4$ auf der Kurve $\varphi_1 = 0{,}75$ den zugehörigen Wert ab:

$$F\,m_1 = \frac{F\,k}{q_1 \gamma_1 c_1} = 2{,}76$$

Man hätte auch unter Benutzung von Gl. (67) den gleichen Wert errechnen können. Für die vorliegende Aufgabe ist:

$$m_1 = \frac{k}{q_1 \gamma_1 c_1} = \frac{500}{20 \cdot 800 \cdot 0{,}5} = \frac{1}{16}$$

Somit wird:

$$F = 2{,}76 \cdot 16 = 44{,}16 \ \text{m}^2$$

11. Aufgabe. Nach Abb. 21 gilt die $\vartheta = f(Fm_1)$-Kurve der 10. Aufgabe in gleicher Weise für den Kühler mit $\varphi_1 = 0{,}75$ und für den Anwärmer mit $\varphi_2 = 1{,}25$. Die jetzige Aufgabe lautet nun: Eine heiße Flüssigkeit ($q_1 = 20$ m³/h, $\gamma_1 = 800$ kg/m³, $c_1 = 0{,}3$ kcal/kg °C) läuft dem jetzt als *Anwärmer* benutzten Kühler der vorigen Aufgabe mit der Temperatur $t_2 = 80°$ C zu, die kalte Flüssigkeit läuft dem Anwärmer mit $t_1' = 50°$ C zu. Mit welcher Temperatur t_1 verläßt die heiße und mit welcher Temperatur t_2' die kalte Flüssigkeit den Anwärmer? Wie groß ist die Grenztemperatur t_∞?

Lösung. Für die 3 Unbekannten t_1, t_2' und t_∞ stehen folgende 3 Gleichungen zur Verfügung:

$$1)\quad \vartheta_a = \frac{t_2 - t_1}{t_2 - t_2'} = 4 = \frac{80 - t_1}{80 - t_2'} \qquad \text{nach Gl. (66 b)}$$

$$2)\quad \varphi_2 = \frac{t_\infty - t_2'}{t_\infty - t_2} = \frac{t_\infty - t_2'}{t_\infty - 80} = 1{,}25 \qquad \text{aus Gln. (57) und (58)}$$

$$3)\quad \varphi_2 = \frac{t_\infty - t_1'}{t_\infty - t_1} = \frac{t_\infty - 50}{t_\infty - t_1} = 1{,}25 \qquad \text{aus Gln. (57) und (58)}$$

Aus diesen Gleichungen findet man:

$$t_1 = \ \ 60° \,\text{C}$$
$$t_\infty = 100° \,\text{C}$$
$$t_2' = \ \ 75° \,\text{C}$$

Das Ergebnis kann wie folgt zusammengefaßt werden: Die heiße Flüssigkeit kühlt sich von $t_2 = 80°$ C auf $t_1 = 60°$ C ab, während sich die kalte Flüssigkeit von $t_1' = 50°$ C auf $t_2' = 75°$ C erwärmt.

12. Aufgabe. Welche Beziehungen bestehen zwischen den Temperaturkurven $t_k = f(Fm_1)$, $t_k' = f'(Fm_1)$ eines *Gegenstromkühlers* mit der Temperaturgrenze $t_{\infty k}$ und den Temperaturkurven $t_a = f(Fm_1)$, $t_a' = f'(Fm_1)$ eines *Gegenstromwärmers* mit der Temperaturgrenze $t_{\infty a}$, wenn Kühler und Anwärmer die gleiche Anfangstemperaturdifferenz $\Delta t = t_1 - t_1'$ besitzen, der Abstand

$$(t_{\infty a} - t_1) = (t_1' - t_{\infty k}')$$

ist und die Kühlerkurven t_k, t_k' um die Achse der Spiegelung, die bei der Temperatur $(t_1 + t_1')/2$ liegt, um $180\,^\circ$C von unten nach oben gedreht sind. (Betrachte hierzu Abb. 22.)

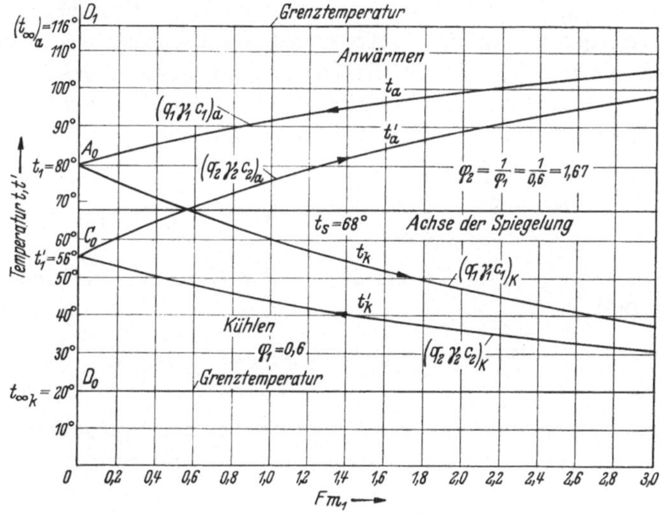

Abb. 22

12. Aufgabe: Spiegelung der Kühlerkurven an der Achse der mittleren Temperatur $(t_1 + t_1')/2$

Lösung. Zunächst betrachtet man die Bedingung:

$$(t_{\infty a} - t_1) = (t_1' - t_{\infty k}')$$

Nach Gl. (56 b) gilt für die linke Differenz:

$$(t_{\infty a} - t_1) = \frac{t_1 - t_1'}{\varphi_2 - 1}$$

Hierbei ist das Mengenverhältnis φ des Anwärmers mit φ_2 bezeichnet. Die rechte Differenz folgt aus Gl. (36):

$$t_1' - t_{\infty k} = t_1' - t_1 + \frac{1}{1 - \varphi_1}(t_1 - t_1') = \frac{-\varphi_1(t_1' - t_1)}{1 - \varphi_1}$$

Hierbei ist das Mengenverhältnis φ des Kühlers mit φ_1 bezeichnet. Aus der Gleichsetzung von $(t_{\infty a} - t_1)$ und $(t_1' - t_{\infty k}')$ folgt:

$$\frac{t_1 - t_1'}{\varphi_2 - 1} = \frac{\varphi_1(t_1 - t_1')}{1 - \varphi_1}$$

$$(1 - \varphi_1) = \varphi_1(\varphi_2 - 1)$$

oder
$$1 - \varphi_1 = \varphi_1\,\varphi_2 - \varphi_1$$
$$\underline{\varphi_1\,\varphi_2 = 1}$$

Diese Bedingung drückt nichts anderes als das Gesetz der Spiegelung aus [26]. An der Grenze, wo der Kühler in den Anwärmer übergeht, wird $\varphi_1 = \varphi_2 = 1$. Das ist das Mengenverhältnis für den reinen Wärmeaustauscher mit geraden Linien als Temperaturkurven. In Abb. 22 ist $t_1 = 80°\,\mathrm{C}$, $t_1' = 56°\,\mathrm{C}$, $\varDelta t = t_1 - t_1' = 24°\,\mathrm{C}$, $t_{\infty k} = 20°\,\mathrm{C}$, $t_{\infty a} = 116°\,\mathrm{C}$. Für den Kühler ist $\varphi_1 = 0{,}6$, für den Anwärmer ist $\varphi_2 = 1/\varphi_1 = 1/0{,}6 = 1{,}67$. Die Achse der Spiegelung liegt bei $t_s = 68°\,\mathrm{C}$. Bei der Spiegelung an der t_s-Achse gelangt die Temperaturkurve t_k' des Kühlers für $(q_2\,\gamma_2\,c_2)_k$ in die Temperaturkurve t_a des Anwärmers für $(q_1\,\gamma_1\,c_1)_a$ und die Temperaturkurve t_k des Kühlers für $(q_1\,\gamma_1\,c_1)_k$ in die Temperaturkurve t_a' des Anwärmers für $(q_2\,\gamma_2\,c_2)_a$. Will man nun die t_a-Kurve für den Anwärmer nach Gl. (57):

$$\frac{t_{\infty a} - t_a}{t_1 - t_1'} = \frac{1}{\varphi_2 - 1}\, e^{-F m_1 (\varphi_2 - 1)} \qquad \varphi_2 > 1$$

durch Spiegelung (oder Inversion) in die t_k'-Kurve für den Kühler nach Gl. (38):

$$\frac{t_k' - t_{\infty k}}{t_1 - t_1'} = \frac{\varphi_1}{1 - \varphi_1}\, e^{-F m_1 (1 - \varphi_1)} \qquad \varphi_1 < 1$$

transformieren, so hat man die folgenden bei der Spiegelung sich ergebenden, aus Abb. 22 leicht zu erkennenden Änderungen zu berücksichtigen:

$$\text{statt} \quad t_1 \rightleftarrows t_1'$$
$$\text{statt} \quad t_a \dashrightarrow t_k'$$
$$\text{statt} \quad t_{\infty a} \rightarrow t_{\infty k}$$

$$\text{Statt } F m_1 = \frac{F k}{(q_1\,\gamma_1\,c_1)_k} \text{ der Wert } F m_1\,\varphi_1 = \frac{F k}{(q_1\,\gamma_1\,c_1)_k}\,\frac{(q_1\,\gamma_1\,c_1)_k}{(q_2\,\gamma_2\,c_2)_k}$$

Aus Gl. (57) wird alsdann:

$$\frac{t_{\infty k} - t_k'}{t_1' - t_1} = \frac{1}{\varphi_2 - 1}\, e^{-F m_1\,\varphi_1(\varphi_2 - 1)}$$

$$\frac{t_k' - t_{\infty k}}{t_1 - t_1'} = \frac{1}{\varphi_2 - 1}\, e^{-F m_1\,\varphi_1(\varphi_2 - 1)}$$

Setzt man nun noch statt $\varphi_2 = 1/\varphi_1$ ein, so wird:

$$\frac{t_k' - t_{\infty k}}{t_1 - t_1'} = \frac{\varphi_1}{1 - \varphi_1}\, e^{-F m_1(1 - \varphi_1)}$$

Das ist aber die Kühlergleichung für t_k' nach Gl. (38). Bei Betrachtung der Lage der vier harmonischen Punkte in Abb. 14 und der Darstellung von t_∞ in Abhängigkeit von φ in Abb. 17 war es zu erwarten, daß die Achse der Spiegelung die mittlere Temperaturgerade zwischen t_1 und t_1' ist, weil die Grenztemperatur des Kühlers für $\varphi = 1$ bei $t_\infty = -\infty$ und die des Anwärmers bei $t_\infty = +\infty$ liegt, während der zu $\pm\infty$ gehörige konjugierte Punkt (B auf Abb. 14) in der Mitte zwischen t_1 und t_1' liegt.

Das Gesetz der Spiegelung oder Inversion $\varphi_1\varphi_2 = 1$ läßt sich noch sehr anschaulich am Kreise zeigen: Zwei Punkte P_1, P_2 heißen „invers" in bezug auf einen Kreis vom Radius r und dem Mittelpunkt M, wenn sie mit M in einer Geraden liegen und hinsichtlich des Kreises konjugiert sind. In Abb. 23 ist zur Klarstellung der Verhältnisse um den Punkt M als Mittelpunkt ein Kreis mit dem Halbmesser r geschlagen. Von einem Punkt P_2 der über A hinaus ver-

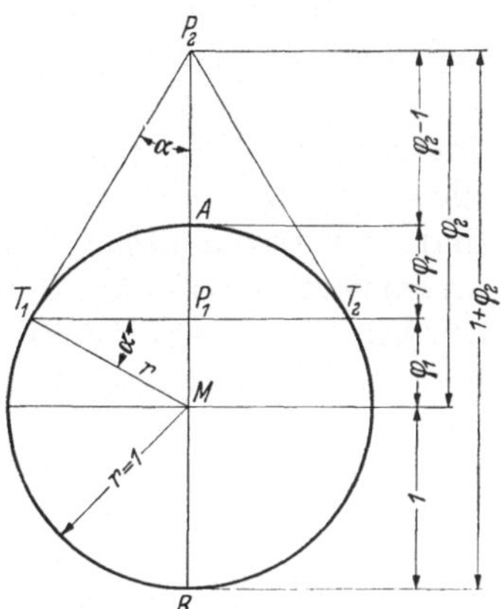

Abb. 23. 12. Aufgabe: Spiegelung am Einheitskreis ($r = 1$) $\varphi_1 \cdot \varphi_2 = 1$. P_1, $P_2 =$ inverse Punkte

längerten Durchmessersehne BA sind die beiden Tangenten P_2T_1 und P_2T_2 an den Kreis gelegt. Die Verbindungssehne der beiden Berührungspunkte T_1 und T_2 ist die Polare zu dem Pol P_2 und schneidet die Durchmessersehne AB in P_1.

$$\text{Aus } \Delta MP_1T_1 \text{ folgt:} \quad MP_1 = r\sin\alpha$$

$$\text{aus } \Delta MP_2T_1 \text{ folgt:} \quad MP_2 = \frac{r}{\sin\alpha}$$

Aus der Multiplikation beider Größen ergibt sich:

$$MP_1 \cdot MP_2 = r^2$$

Das Produkt der Radienvektoren von zwei inversen Punkten P_1 und P_2 ist also konstant r^2. Nach dem Mathematiker LIOUVILLE [27] heißt dieses Gesetz der Spiegelung oder Inversion am Kreise auch „Prinzip der reziproken Radien".

Für die vorliegende Aufgabe ist nun:

$$MP_1 = \varphi_1 < 1$$
$$MP_2 = \varphi_2 > 1$$
$$r = 1$$
$$MA = 1$$
$$MB = 1$$

Die Spiegelung oder Inversion findet also am Einheitskreis statt. Die beiden Punkte P_1 und P_2 bilden hier die Mengenverhältnisse φ_1

und φ_2 ab. Während φ_1 von $\varphi_1 = 0$ (P_1 fällt mit M zusammen) bis $\varphi_1 = 1$ (P_1 fällt mit A zusammen) wandert, läuft φ_2 von $\varphi_2 = \infty$ (P_2 liegt im Unendlichen) nach $\varphi_2 = 1$ (P_2 fällt mit A zusammen). Punkt A mit $\varphi_1 = \varphi_2 = 1$ bildet demnach das Mengenverhältnis für den reinen Wärmeaustauscher mit $q_1 \gamma_1 c_1 = q_2 \gamma_2 c_2$ ab. Zwischen M und A werden die Verhältnisse des *Kühlers* mit $\varphi_1 < 1$, also $q_2 \gamma_2 c_2 > q_1 \gamma_1 c_1$, zwischen A und ∞ werden die Verhältnisse des *Anwärmers* mit $\varphi_2 > 1$, also $q_1 \gamma_1 c_1 > q_2 \gamma_2 c_2$, abgebildet. Man erkennt auch hier wieder die Harmonie der Beziehungen: Die 4 Punkte P_2, A, P_1 und B sind vier harmonische Punkte. Die beiden in bezug auf den Kreis invers liegenden Punkte P_1 und P_2 teilen die Durchmessersehne $AB (= 2)$ des Einheitskreises innerlich (P_1) und äußerlich (P_2) in gleichem Verhältnis. Wie aus Abb. 23 sofort abzulesen ist, gilt:

$$\text{für } P_1: \quad \frac{A P_1}{B P_1} = \frac{1 - \varphi_1}{1 + \varphi_1}$$

$$\text{für } P_2: \quad \frac{P_2 A}{P_2 B} = \frac{\varphi_2 - 1}{\varphi_2 + 1}$$

Setzt man in der zweiten Gleichung $\varphi_2 = 1/\varphi_1$, so wird ebenfalls:

$$\text{für } P_2: \quad \frac{P_2 A}{P_2 B} = \frac{1 - \varphi_1}{1 + \varphi_1} = \frac{A P_1}{B P_1}$$

3. Die harmonischen Beziehungen bei den Rektifiziersäulen

a) Allgemeines

Auch bei den Rektifiziersäulen gestatten die harmonischen Beziehungen eine einfache und ungezwungene Darstellung der Vorgänge in der Verstärkungssäule und in der Abtriebssäule. Bei dem Gegenstromkühler (Abb. 10b) und dem Gegenstromanwärmer (Abb. 16b) wurde der Temperaturverlauf in Abhängigkeit von der Wärmeaustauschfläche verfolgt und wurden die beiden Exponentialkurven für die kalte und die heiße Flüssigkeit als Phase I und II untersucht.

Bei der Rektifikation kann nicht mehr die Abhängigkeit des Temperaturverlaufes von der Wärme- und Stoffaustauschfläche benutzt werden, weil die hier auftretenden beiden Phasen wegen der gewünschten unmittelbaren Berührung nicht in getrennten Räumen jede für sich, sondern in ein und demselben Raum als Siedekurve (Phase II) und als Kondensationskurve (Phase I) auftreten. Will man bei der Rektifikation eine ähnliche Darstellung benutzen wie bei den Wärmeaustauschern, so muß man deshalb zur Kennzeichnung der Wärmeeigenschaft statt der Temperaturordinate (t, t') die Enthalpieordinate (i, i') wählen. Dann erscheinen die beiden Phasen des trockengesättigten Dampfes (Kondensationskurve) und der gerade siedenden Flüssigkeit

(Siedekurve) mit verschiedenen Zahlenwerten. Es ist ferner zweckmäßiger, nicht die Wärmeaustauschfläche wie bei den Wärmeaustauschern, sondern die Zusammensetzung des Zweistoffgemisches zu benutzen. Mit der Veränderung dieser ist natürlich auch der während der Rektifikation zurückgelegte Weg in der Säule (Bodenanzahl) und somit die Enthalpie in Abhängigkeit vom Wege gekennzeichnet. Nach diesen Überlegungen ist wohl das MOLLIERsche i-x-Diagramm für Zweistoffgemische, wie es FR. BOSNJAKOVIĆ in seiner Technischen Thermodynamik [28] verwendet, im Anschluß an die Betrachtungsweise der harmonischen Beziehungen bei den Wärmeaustauschern auch für die vorliegenden Untersuchungen der Rektifikationsvorgänge die am besten geeignete Darstellungsform.

b) Verstärkungssäule

In Abb. 24a sind das Schema einer diskontinuierlich arbeitenden Rektifikationssäule und in Abb. 24b das MOLLIERsche i-x-Diagramm eines Zweistoffgemisches gezeichnet. In dieser Darstellung soll der in

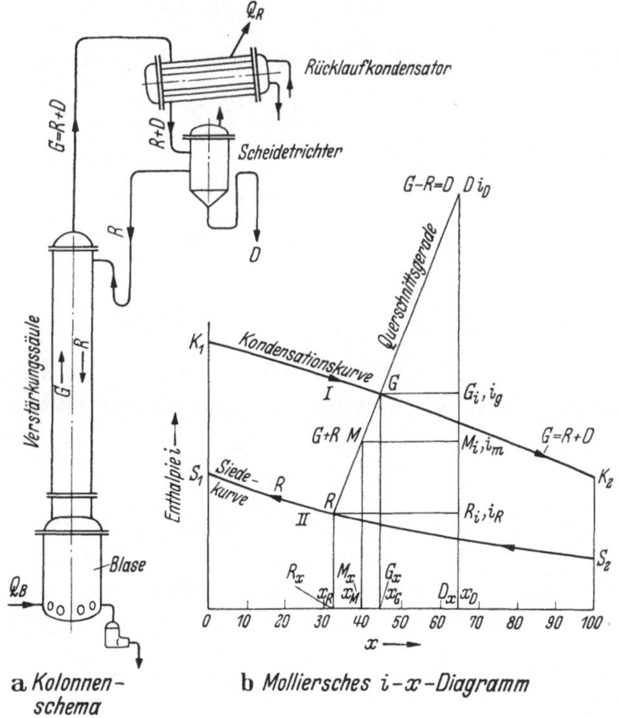

Abb. 24a u. b. Erklärungsskizze zur Verstärkungssäule. Kolonnen-Schema (a) und MOLLIERsches i-x-Diagramm (b)

einem Querschnitt der Verstärkungssäule vorhandene Zustand des trockengesättigten Gemischdampfes durch den Punkt G auf der Kondensationskurve und der Zustand der zurücklaufenden, nicht unterkühlten Flüssigkeit durch den Punkt R auf der Siedekurve des Zweistoffgemisches gekennzeichnet sein. G und R gehören zu einem Querschnitt, brauchen jedoch nicht Punkte gleicher Temperatur und Phasengleichgewichtspunkte zu sein. Bei der Verfolgung der harmonischen Beziehungen werden diese Punkte als die *„Fundamentalpunkte“* angesehen. Die in der Säule aufsteigende Dampfmenge G kg/h muß um die Menge D kg/h des der Anlage entnommenen Fertigerzeugnisses größer sein als die zurücklaufende Flüssigkeitsmenge R kg/h $\cdot$ $G = R + D$. Der Momentenpol D, in bezug auf den sich die als Kräfte angesehenen Mengen G und R das Gleichgewicht halten, muß demnach auf der Verlängerung der Querschnittsgeraden $\overline{RG}$ über G hinaus auf der Seite der größeren Menge G liegen. Ähnlich wie bei dem oben behandelten Wärmeaustauscher als *Anwärmer* muß die Gleichgewichtsbeziehung gelten:

$$G \cdot \overline{GD} = R \cdot \overline{RD} \tag{70}$$

Ferner muß sein:

$$\overline{RD} = \overline{RG} + \overline{GD}$$

Setzt man aus der zweiten Gleichung $\overline{RD}$ in die erste ein, so wird:

$$G \cdot \overline{GD} = R \cdot (\overline{GR} + \overline{GD})$$

und hieraus findet man dann:

$$\overline{GD} = \frac{R}{G - R}\,\overline{RG} \tag{71}$$

Nun ist

$$G - R = D$$

Somit wird:

$$\frac{R}{D} = v_d = \frac{\overline{GD}}{\overline{RG}} = \text{deutsches Rücklaufverhältnis} \tag{72}$$

Dies ist zugleich das Rücklaufverhältnis, wie es in Deutschland definiert wird. Das in Amerika benutzte Rücklaufverhältnis ist:

$$v_a = \frac{G}{R} = \frac{\overline{RD}}{\overline{GD}}$$

Es spielt bei der Verstärkungssäule dieselbe Rolle wie das Verhältnis $\varphi_2 = q_1 \gamma_1 c_1 / q_2 \gamma_2 c_2$ beim Anwärmer. Zu diesen 3 Punkten R, G, D in Abb. 24 kann man noch den vierten harmonischen Punkt M konstruieren oder berechnen. Er teilt die Strecke RG in demselben Verhältnis innerlich wie D äußerlich. Während in D die Menge $D = G - R$ angreift, ist M der Angriffspunkt von $G + R$. Für M gilt die Gleichgewichtsbeziehung:

$$G \cdot \overline{MG} = R \cdot \overline{MR}$$

Weil $G > R$ ist, liegt M im allgemeinen oberhalb des Halbierungspunktes von $\overline{RG}$. M liegt im heterogenen Flüssigkeits-Dampf-Gebiet. Punkt M gibt mit seiner Ordinate die Enthalpie und mit seiner Abszisse die Zusammensetzung des Flüssigkeits-Dampf-Gemisches in dem durch die Strecke $\overline{RG}$ dargestellten Querschnitt an. Zieht man durch die Punkte G, M, R Parallele zu den Koordinatenachsen, so erhält man auf der senkrechten Geraden DD_x die Punkte G_i mit der Enthalpie i_g, M_i mit der Enthalpie i_m und R_i mit der Enthalpie i_r, auf der Abszissenachse die Punkte R_x mit der Zusammensetzung x_R, M_x mit der Zusammensetzung x_m und G_x mit der Zusammensetzung x_g. Sowohl die Punkte D, G_i, M_i, R_i als auch die Punkte R_x, M_x, G_x, D_x sind vier harmonische Punkte, weil sie durch Parallelstrahlen aus den vier harmonischen Ursprungspunkten D, G, M, R projiziert sind. Man kann deshalb die Grundgleichung (70) auch in 2 Gleichungen zerlegen, die eine für die Zusammensetzungen x, die andere für die Enthalpien i. Man erhält somit:

$$G(x_D - x_G) = R(x_D - x_R) \tag{73a}$$

$$G(i_D - i_G) = R(i_D - i_R) \tag{73b}$$

In diesen Gleichungen stellt i_D die Enthalpie des Punktes D dar. Bezeichnet man mit i_E die Enthalpie des Erzeugnisdestillates, die bei etwaiger geringer Unterkühlung im Kondensator etwas geringer als i_G ist, und mit $q_R = Q_R/D$ die bei Erzeugung von 1 kg Fertigprodukt entzogene Rücklaufkondensatorenthalpie, so gilt:

$$i_D = i_E + q_R \tag{74}$$

Nach Division von Gln. (73a) und (73b) erhält man unter Berücksichtigung von Gl. (74):

$$\frac{x_D - x_G}{(i_E + q_R - i_G)} = \frac{x_D - x_R}{(i_E + q_R - i_R)}$$

Nach einigen leichten Umformungen findet man schließlich:

$$i_R + \frac{x_D - x_R}{x_G - x_R}(i_G - i_R) = i_E + q_R \tag{75}$$

Dies ist überdies dieselbe Gleichung, die Fr. Bošnjacović in seiner Technischen Thermodynamik [29] auf ganz anderem Wege gefunden hat.

An dieser Stelle soll nochmals ganz kurz auf den Unterschied zwischen dem amerikanischen (v_a) und dem deutschen (v_d) Rücklaufverhältnis hingewiesen werden und die Beziehungen zwischen v_a und v_d abgeleitet werden. Den Definitionen von v_a und v_d liegen verschiedene Auffassungen zugrunde. In Amerika bezieht man die Rücklaufmenge

R kg/h auf die in der Säule aufsteigende Gesamtdampfmenge G kg/h[1] und bezeichnet als Rücklaufverhältnis:

$$v_a = \frac{R}{G} = \frac{\overline{GD}}{\overline{RD}}$$

In Deutschland bezieht man die Rücklaufmenge R kg/h auf die gewonnene Produktmenge D kg/h des Fertigerzeugnisses, also:

$$v_d = \frac{R}{D} = \frac{R}{G-R} = \frac{\overline{DG}}{\overline{RG}}$$

Es ergeben sich demnach folgende Beziehungen:

$$v_d = \frac{R}{D} = \frac{R}{G-R} = \frac{\dfrac{R}{G}}{1 - \dfrac{R}{G}} = \frac{v_a}{1 - v_a} \qquad (76)$$

Hieraus findet man:

$$v_a = \frac{v_d}{1 + v_d} \qquad (77)$$

Aus Gl. (77) liest man ab:

$$\left. \begin{array}{llll} \text{für} & v_d = 0 & \text{wird} & v_a = 0 \\ \text{für} & v_d = \infty & \text{wird} & v_a = 1 \end{array} \right\} \qquad (78)$$

Die durch Gl. (70) ausgedrückte Gleichgewichtsbedingung

$$G \cdot \overline{GD} = R \cdot \overline{RD}$$

muß für jeden Querschnitt der Verstärkungssäule gültig sein. Ferner muß der Pol D für jede Querschnittsgerade auf der Verlängerung von RG über G hinaus auf der Seite der größeren Menge G liegen. G ist die größere Menge, weil sie ja die Rücklaufmenge R kg/h und die Fertigdestillatmenge D kg/h enthält. Um sich über die genaue Lage des Pols D im i-x-Diagramm Klarheit zu verschaffen, betrachtet man, ähnlich wie in Abb. 11, die vier

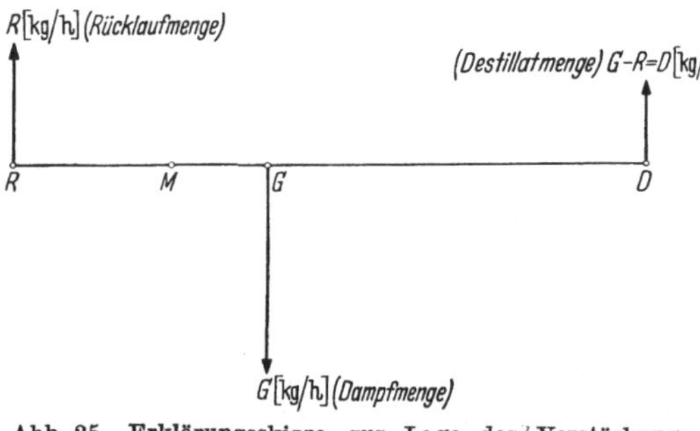

Abb. 25. Erklärungsskizze zur Lage des Verstärkungspols D. R kg/h = Rücklaufmenge; G kg/h = Gesamtdampfmenge; $D = (G - R)$ kg/h = Destillatmenge; R, M, G, D = vier harmonische Punkte

harmonischen Punkte R, M, G und D und beurteilt ihre gegenseitige Lage, insbesondere die von D.

____

[1] oder auch G Mol/h

In Abb. 25 ist eine beliebige Querschnittsgerade $\overline{RD}$ in waagerechter Lage gezeichnet. Im „Fundamentalpunkt" G des Gesamtdampfes mögen G kg/h in der einen Richtung, im „Fundamentalpunkt" R der Rücklaufflüssigkeit mögen R kg/h wegen des Gegenstromes in der entgegengesetzten Richtung von G angreifen. Zur Aufrechterhaltung des Bilanzgleichgewichtes müssen dann im Pol D $G - R = D$ kg/h in Richtung von R wirksam sein. Wenn aber die Erzeugnisdestillatmenge D kg/h und ihre Zusammensetzung x_d konstant bleiben, so muß auch für alle Querschnittsgeraden $G - R = D$ konstant sein, d. h. alle Querschnittsgeraden gehen durch denselben Verstärkungspol D. D ist also das Zentrum des Büschels der Querschnittsstrahlen. Werden in einer Verstärkungssäule die Menge $D = G - R$ des Fertigerzeugnisses und das Rücklaufverhältnis v_d konstant gehalten, so erhält man damit die folgenden 2 Gleichungen mit den beiden Unbekannten R und G:

$$1) \quad G - R = D$$

$$2) \quad \frac{R}{G - R} = v_d$$

Hieraus findet man die Werte:

$$R = v_d D$$

$$G = (1 + v_d) D$$

v_d kann aber nur konstant bleiben, wenn in Gl. (70) auch

$$\frac{R}{G} = \frac{\overline{GD}}{\overline{RD}}$$

konstant bleibt. Dies ist jedoch nur möglich (s. Abb. 24), wenn Siede- und Kondensationskurve parallel verlaufen oder die Verdampfungswärme des Zweistoffgemisches bei allen Zusammensetzungen die gleiche ist. Hier bereits ist schon ein erster Hinweis auf Einbeziehung der veränderlichen Verdampfungswärme und des veränderlichen Rücklaufverhältnisses in die Darstellungsmethode.

Wenn die Gesamtdampfmenge G und die Rücklaufmenge R gleich sind, so wird mit $v_d = \infty$ und $v_a = 1$ gearbeitet. Hierbei rückt der Verstärkungspol D der Abb. 24 ins Unendliche. Dann werden die Querschnittsgeraden Senkrechte zur Abszissenachse x. Die Zusammensetzungen x für den Dampf G und den Rücklauf R werden in einem Querschnitt gleich. Wenn der Verstärkungspol D ins Unendliche wandert, dann wird $G - R = D = 0$, und der Mischungspunkt M liegt in der Mitte zwischen R und G. Wenn D im Unendlichen liegt und $G - R = 0$ ist, so erhält man die unbestimmte Form $0 \cdot \infty$. Es braucht also nicht im Rücklaufkondensator eine unendlich große Wärmemenge abgeführt zu werden. Die Größe $q_r = Q_r/D$ wird auch bei endlichem Wert Q_r mit $D = 0$ zu Unendlich.

Wie soeben festgestellt wurde, ist die Einbeziehung der mit der Zusammensetzung x veränderlichen Verdampfungswärme des Gemisches von großer Bedeutung. Zu einer bequemen und leichtverständlichen Lösung dieser Aufgabe bietet die Geometrie der Lage in ihrer projektiven Darstellung am „Vollständigen Viereck" ein gutes Hilfsmittel.

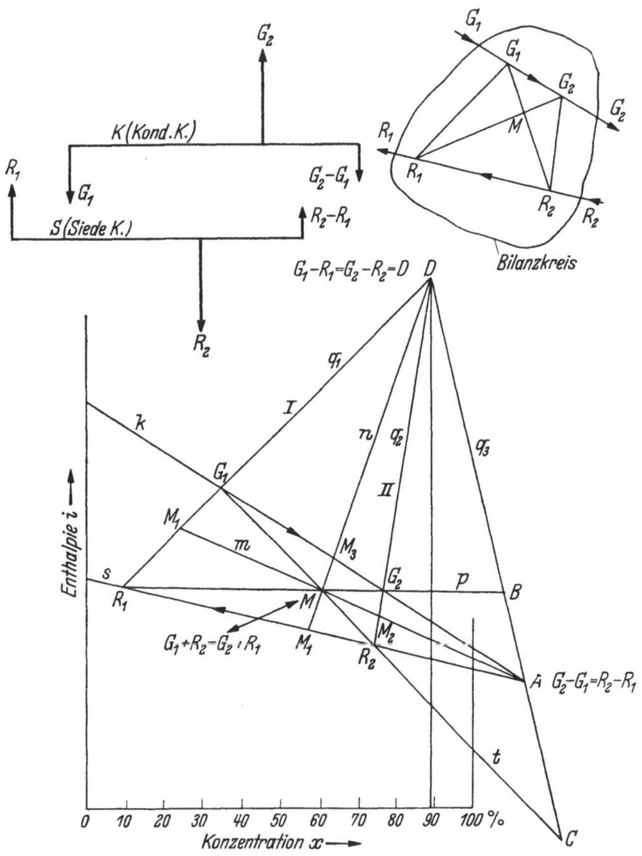

Abb. 26. Berücksichtigung verschiedener Verdampfungsenthalpien im Vollständigen Viereck

In ganz natürlicher Weise sind durch den Schnitt von 2 Querschnittsgeraden mit den Siede- und Kondensationskurven des Zweistoffgemisches 4 Punkte als die Ecken eines vollständigen Viereckes im MOLLIERschen i-x-Diagramm gegeben. An Hand von Abb. 26 sollen nun die Verhältnisse näher erörtert werden.

Im MOLLIERschen i-x-Diagramm ist ein vollständiges Viereck mit den Ecken G_1, G_2, R_2, R_1 gezeichnet. Diese entstehen durch den Schnitt der beiden Querschnittsgeraden q_1 und q_2 mit den beiden als gerade Linien gezeichneten Phasenkurven k als Kondensationskurve und s als Siedekurve. In Wirklichkeit verlaufen meist die k- und s-Kurven nicht geradlinig über den ganzen Konzentrationsbereich. Aber man kann oft kurze Strecken $\overline{G_1 G_2}$ und $\overline{R_1 R_2}$ auf den Phasenkurven als geradlinig ansehen. In Abb. 26 sind jedoch zur deutlicheren Darstellung die Kurven als durchgehende Gerade gezeichnet. Die Gegenseiten $\overline{R_1 G_1}$ und $\overline{R_2 G_2}$ schneiden sich im Verstärkungspol D, die Gegenseiten $\overline{G_2 G_1}$ und $\overline{R_1 R_2}$ im Austauschpol A und die Gegenseiten $\overline{R_1 G_2}$ und $\overline{R_2 G_1}$ im Mischpol M. Die 3 Nebenecken D, A und M bestimmen das für das Viereck G_1, G_2, R_2, R_1 kennzeichnende Poldreieck. Verbindet man in Abb. 26 den Verstärkungspol D mit dem Austauschpol A durch eine Gerade q_3 und bringt das Gegenseitenpaar $\overline{R_1 G_2}$ und $\overline{G_1 R_2}$ zum Schnitt mit der Verbindungsgeraden DA, so erhält man die Punkte B und C, die $\overline{DA}$ innerlich (Punkt B) und äußerlich (Punkt C) im gleichen Verhältnis teilen. Die 4 Punkte D, B, A, C sind nach früheren Ausführungen (s. Abb. 7) vier harmonische Punkte. Es gilt hierfür:

$$(DBAC) = -1$$

oder

$$\frac{DB}{BA} : \frac{DC}{AC} = -1$$

Man kann nun die vier harmonischen Punkte als Schnittpunkte der durch D gehenden Geraden q_3 mit den vier harmonischen Strahlen n, p, m, t des Strahlenbüschels mit dem Zentrum M auffassen. Die durch D gehende Gerade q_1 schneidet diese vier harmonischen Strahlen in den vier harmonischen Punkten D, R_1, M_1, G_1 und die durch D gehende Gerade q_2 in den vier harmonischen Punkten D, G_2, M_2, R_2. Somit gelten folgende Beziehungen:

oder
$$\begin{rcases} (D R_1 M_1 G_1) = -1 \\[4pt] \dfrac{D R_1}{R_1 M_1} : \dfrac{D G_1}{M_1 G_1} = -1 \end{rcases} \text{für Querschnittsgerade } q_1$$

oder
$$\begin{rcases} (D G_2 M_2 R_2) = -1 \\[4pt] \dfrac{D G_2}{G_2 M_2} : \dfrac{D R_2}{M_2 R_2} = -1 \end{rcases} \text{für Querschnittsgerade } q_2$$

In Abb. 26 oben sind zur Erläuterung der Bilanzverhältnisse die Kondensationsgerade k und die Siedegerade s schematisch herausgezeichnet. An der Kondensationsgeraden k halten sich die Dampfmengen G_1 aus dem Querschnitt I und die Differenzmenge $G_2 - G_1$ mit der Dampfmenge G_2 aus dem Querschnitt II das Gleichgewicht. G_2 setzt sich also zusammen aus der Menge G_1 und der wegen kleiner gewordener Verdampfungsenthalpie erzeugten Überschußmenge $(G_2 - G_1)$. Wäre die

Verdampfungsenthalpie nicht veränderlich, so wäre $(G_2 - G_1) = 0$ und der Austauschpol A läge im Unendlichen. Ganz ähnlich liegen die Verhältnisse an der Siedegeraden s. Hier halten sich die Rücklaufmengen R_1 aus dem Querschnitt I und die Differenzmenge $(R_2 - R_1)$ mit der Rücklaufmenge R_2 aus dem Querschnitt II das Gleichgewicht. R_2 setzt sich also zusammen aus dem Rücklauf R_1 und der Überschußmenge $(R_2 - R_1)$ wegen verminderter Kondensationsenthalpie. Bei gleicher Kondensationsenthalpie der Komponenten muß auch hier $(R_2 - R_1) = 0$ sein und A im Unendlichen liegen. Der Überschuß der Dampfmenge $(G_2 - G_1)$ im Austauschpol A muß gleich dem Überschuß der Rücklaufmenge $(R_2 - R_1)$ sein, weil ja die Destillatmenge D konstant ist und gemäß der Mengenbilanz $G = R + D$ auch

$$G_2 - G_1 = R_2 - R_1$$

wird. Das ist selbstverständlich, weil ja der Überschuß der Dampfmenge $(G_2 - G_1)$ den Überschuß der Rücklaufmenge $(R_2 - R_1)$ hervorruft. Für den Verstärkungspol D ist $(G_1 - R_1) = (G_2 - R_2)$, das ist aber an sich genau dieselbe Gleichung wie die soeben gefundene für den Austauschpol A. Für den Verstärkungspol D ist die Differenz der verschiedenen Mengenart, also $(G_1 - R_1)$ oder $(G_2 - R_2)$, das Charakteristische. Man hat ferner in bezug auf D und A die Gleichgewichtsbeziehungen:

$$\text{für } D: \begin{cases} G_1 \cdot \overline{G_1 D} = R_1 \cdot \overline{R_1 D} & (79\,\text{a}) \\[2mm] G_2 \cdot \overline{G_2 D} = R_2 \cdot \overline{R_2 D} & (79\,\text{b}) \end{cases}$$

$$\text{für } A: \begin{cases} G_1 \cdot \overline{G_1 A} = G_2 \cdot \overline{G_2 A} & (80\,\text{a}) \\[2mm] R_1 \cdot \overline{R_1 A} = R_2 \cdot \overline{R_2 A} & (80\,\text{b}) \end{cases}$$

Aus diesen beiden Gleichungsarten (79 a), (79 b) und (80 a), (80 b) findet man sogleich für das amerikanische Rücklaufverhältnis $v = R/G$:

$$v_1 = \frac{R_1}{G_1} = \frac{\overline{G_1 D}}{\overline{R_1 D}}; \qquad v_2 = \frac{R_2}{G_2} = \frac{\overline{G_2 D}}{\overline{R_2 D}}$$

$$v_1 \frac{\overline{R_1 A}}{\overline{G_1 A}} = v_2 \frac{\overline{R_2 A}}{\overline{G_2 A}}$$

und das Verhältnis der Rücklaufverhältnisse:

$$\frac{v_1}{v_2} = \frac{\overline{R_2 A}}{\overline{R_1 A}} \frac{\overline{G_1 A}}{\overline{G_2 A}} \tag{81}$$

Rückt der Austauschpol A ins Unendliche, so wird:

$$\frac{\overline{R_2 A}}{\overline{R_1 A}} = \frac{\overline{G_1 A}}{\overline{G_2 A}} = 1$$

Dann ist: $$v_1 = v_2$$

Das heißt: Nur bei gleichen Verdampfungsenthalpien der beiden Komponenten des Zweistoffgemisches bleibt das Rücklaufverhältnis konstant über den gesamten Konzentrationsbereich. Gl. (81) zeigt überdies, daß die Veränderung der Größe v_1/v_2 nur von $\overline{R_2 A}$, $\overline{R_1 A}$, $\overline{G_1 A}$ und $\overline{G_2 A}$ abhängt, also nur von der Lage des Pols A.

Als dritter Pol M ist noch die Bedeutung dieser im Innern des vollständigen Vierecks liegenden Nebenecke M zu erklären: Denkt man sich um das vollständige Viereck $G_1 G_2 R_2 R_1$ einen Bilanzkreis gezogen, wie in Abb. 26 rechts oben gezeichnet, so müssen die in diesen eintretenden Mengen G_1 und R_2 gleich den aus diesem austretenden G_2 und R_1 sein:

$$G_1 + R_2 = G_2 + R_1 \tag{82}$$

Das heißt: Die in den von den beiden Querschnittsgeraden q_1 und q_2 begrenzten Rektifikationsraum auf der Kondensationskurve k eintretende Dampfmenge G_1 und auf der Siedekurve s eintretende Rücklaufflüssigkeit R_2 ergeben das im MOLLIERschen i-x-Diagramm durch den Zustandspunkt M im Dampf-Flüssigkeits-Gebiet dargestellte Gemisch $M = G_1 + R_2$. Diese Gemischmenge M zerlegt sich dann in die austretende Dampfmenge G_2 auf der k-Kurve und die austretende Flüssigkeitsmenge R_1 auf der s-Kurve. Es muß deshalb für diesen Mischpol M das Hebelgesetz gelten:

$$R_2 \cdot \overline{R_2 M} = G_1 \cdot \overline{G_1 M} \tag{83a}$$

$$R_1 \cdot \overline{R_1 M} = G_2 \cdot \overline{G_2 M} \tag{83b}$$

Es ist kennzeichnend für das Poldreieck, daß für alle 3 Pole letzten Endes die gleiche Mengenbilanz zum Ausdruck kommt, nur in verschiedener Schreibweise:

$$\left.\begin{array}{ll} \text{für den Verstärkungspol } D: & G_1 - R_1 = G_2 - R_2 \\ \text{für den Austauschpol } A: & G_2 - G_1 = R_2 - R_1 \\ \text{für den Mischpol } M: & G_1 + R_2 = G_2 + R_1 \end{array}\right\} \tag{84}$$

Es muß deshalb auch möglich sein, aus der harmonischen Konfiguration des vollständigen Vierecks in Abb. 26 gegenseitige Beziehungen zwischen der Lage der 3 Pole D, A und M aufzustellen. Zu diesem Zwecke lassen sich folgende 3 Gleichungen, die sich leicht an Hand von Abb. 26 ablesen lassen, aufstellen:

$$\text{für Pol } M: \quad R_2 \cdot \overline{R_2 M} = G_1 \cdot \overline{G_1 M} \tag{85}$$

$$\text{für Pol } D: \quad R_2 = G_2 \cdot \frac{\overline{G_2 D}}{\overline{R_2 D}} \tag{86}$$

$$\text{für Pol } A: \quad G_2 = G_1 \cdot \frac{\overline{G_1 A}}{\overline{G_2 A}} \tag{87}$$

Setzt man aus Gl. (86) R_2 in Gl. (85) ein, so erhält man:

$$G_2 \cdot \frac{\overline{G_2 D}}{\overline{R_2 D}}\, \overline{R_2 M} = G_1 \cdot \overline{G_1 M}$$

Setzt man in die soeben erhaltene Gleichung G_2 aus Gl. (87) ein, so erhält man:

$$G_1 \cdot \frac{\overline{G_1 A}}{\overline{G_2 A}}\, \frac{\overline{G_2 D}}{\overline{R_2 D}}\, \overline{R_2 M} = G_1 \cdot \overline{G_1 M}$$

oder nach einer kleinen Umformung:

$$\underset{\text{Pol } D}{\frac{\overline{G_2 D}}{\overline{R_2 D}}} \cdot \underset{\text{Pol } A}{\frac{\overline{G_1 A}}{\overline{G_2 A}}} \cdot \underset{\text{Pol } M}{\frac{\overline{R_2 M}}{\overline{G_1 M}}} = 1 \qquad\qquad (88\,\text{a})$$

In dieser Gleichung bezieht sich das Verhältnis $\overline{G_2 D}/\overline{R_2 D}$ auf den *Verstärkungspol* D, das Verhältnis $\overline{G_1 A}/\overline{G_2 A}$ auf den *Austauschpol* A und das Verhältnis $\overline{R_2 M}/\overline{G_1 M}$ auf den *Mischpol* M. Gl. (88a) erscheint als selbstverständlich, wenn man bedenkt, daß gemäß Abb. 26:

$$\frac{\overline{G_2 D}}{\overline{R_2 D}} = \frac{R_2}{G_2}$$

$$\frac{\overline{G_1 A}}{\overline{G_2 A}} = \frac{G_2}{G_1}$$

$$\frac{\overline{R_2 M}}{\overline{G_1 M}} = \frac{G_1}{R_2}$$

Setzt man diese Werte in Gl. (88a) ein, so wird:

$$\underset{\text{Pol } D}{\frac{R_2}{G_2}} \cdot \underset{\text{Pol } A}{\frac{G_2}{G_1}} \cdot \underset{\text{Pol } M}{\frac{G_1}{R_2}} = 1 \qquad\qquad (88\,\text{b})$$

Die kennzeichnenden Verhältniszahlen für die Pole des Poldreiecks sollen unter Bezug auf Abb. 26 und 27 eingehend besprochen werden.

Der Verstärkungspol D. Für den Verstärkungspol D gilt nach obigem:

$$\frac{\overline{G_2 D}}{\overline{R_2 D}} = \frac{R_2}{G_2} = v_a = \frac{v_d}{1 + v_d}$$

Wenn die Verdampfungsenthalpie mit zunehmender Zusammensetzung x abnimmt, wie in Abb. 26 gezeichnet, so vergrößert sich v_a (bzw. $v_d/(1 + v_d)$), weil $\overline{G_1 D} < \overline{G_2 D}$ und $\overline{R_1 D} > \overline{R_2 D}$ sind. Setzt man etwa:

$$\overline{G_2 D} = \overline{G_1 D} + \delta$$

$$\overline{R_2 D} = \overline{R_1 D} - \varepsilon$$

wo δ und ε positive Vergrößerungsstrecken darstellen mögen, so wird:

$$\frac{\overline{G_2 D}}{\overline{R_2 D}} = \frac{\overline{G_1 D}}{\overline{R_1 D}} \cdot \frac{1 + \dfrac{\delta}{\overline{G_1 D}}}{1 - \dfrac{\varepsilon}{\overline{R_1 D}}}$$

Der Ausdruck $\dfrac{1 + \dfrac{\delta}{\overline{G_1 D}}}{1 - \dfrac{\varepsilon}{\overline{R_1 D}}}$ ist aber größer als 1, so daß

$$\frac{\overline{G_2 D}}{\overline{R_2 D}} > \frac{\overline{G_1 D}}{\overline{R_1 D}}$$

wird und somit:

$$\frac{R_2}{G_2} > \frac{R_1}{G_1}$$

$$v_{a2} > v_{a1}$$

$$v_{d2} > v_{d1}$$

Hieraus folgt, daß mit zunehmender Konzentration x an Leichtsiedendem das Rücklaufverhältnis größer wird, wenn die Verdampfungsenthalpie der leichtsiedenden Komponente des Zweistoffgemisches kleiner ist als die der schwersiedenden Komponente. Das heißt: In den oberen Böden der Rektifiziersäule arbeitet diese mit stärkerem Rücklauf als in den unteren.

Ein besonderer Fall wird durch das Verstärkungsverhältnis $\overline{G_2 D}/\overline{R_2 D}$ $= R_2/G_2 = 1$ dargestellt, also:

$$\text{Rücklaufmenge } R_2 = \text{Gesamtdampfmenge } G_2$$

amerikanisches Rücklaufverhältnis $v_a = 1$

deutsches Rücklaufverhältnis $v_d = \infty$

In Abb. 27a sind die Verhältnisse hierfür im i-x-Diagramm veranschaulicht. Es gelten folgende Beziehungen:

$$\overline{G_2 D} = \overline{R_2 D}$$

$$\overline{G_2 D} = \overline{G_2 D} + \overline{R_2 G_2}$$

$$1 = 1 + \frac{\overline{R_2 G_2}}{\overline{G_2 D}}$$

Diese Bedingung kann nur erfüllt sein, wenn

$$\overline{G_2 D} = \infty$$

wird. Der Verstärkungspol D rückt ins Unendliche, d. h. $R_1 G_1$ und $R_2 G_2$ laufen im Diagramm parallel zur Ordinatenachse. Der Austauschpol A und der Mischpol M bleiben wie bisher im Endlichen. Aus den Gln. (88a) und (88b) folgt:

$$\frac{G_2}{G_1} = \frac{R_2}{G_1}$$

oder

$$G_2 = R_2$$

Da der vierte harmonische Punkt D ins Unendliche gerückt ist, müssen die Punkte M_1, M, M_2 auf der Seitenhalbierenden $\overline{AM_1}$ des Dreiecks G_1AR_1 liegen. Aus der Ähnlichkeit der beiden Dreiecke G_1MR_1 und G_2MR_2 folgt:

$$\frac{\overline{R_1M}}{\overline{G_2M}} = \frac{\overline{G_1M}}{\overline{R_2M}}$$

Daß M_1 der Halbierungspunkt von $\overline{R_1G_1}$ und M_2 der von $\overline{R_2G_2}$ sein muß, folgt aus der Gleichheit von G_1 und R_1 bzw. G_2 und R_2. M selbst liegt zwar auch auf der Seitenhalbierenden $\overline{M_1A}$, liegt aber nicht im Halbierungspunkt von $\overline{M_1M_2}$, sondern näher an M_2, weil der Austauschpol A noch im Endlichen liegt. M liegt näher an M_2 als an M_1, da in M_2 die größere Resultierende $G_2 + R_2 = 2G_2$ und in M_1 die kleinere Resultierende $G_1 + R_1 = 2G_1$ wirken. G_1 ist ja kleiner als G_2. Für den Sonderfall des unendlichen Rücklaufverhältnisses v_d wird die in Abb. 26 schräg liegende Gerade q_3 mit den vier harmonischen Punkten D, B, A, C zur senkrechten Geraden, von der D im Unendlichen liegt und die beiden Punkte B und C in gleichem Abstand von A. In B wirken $(G_2 - R_1) = (R_2 - R_1) = (G_2 - G_1) > 0$, und in C wirken $(R_2 - G_1) = (R_2 - R_1) = (G_2 - G_1) > 0$. In B und C sind also die gleichen Mengen vorhanden, daher auch die gleichen Hebelarme $\overline{AC} = \overline{AB}$.

Der Austauschpol A. Für den Austauschpol A gilt nach obigem:

$$\frac{\overline{G_1A}}{\overline{G_2A}} = \frac{G_2}{G_1}$$

$$G_2 = G_1 \cdot \frac{\overline{G_1A}}{\overline{G_2A}}$$

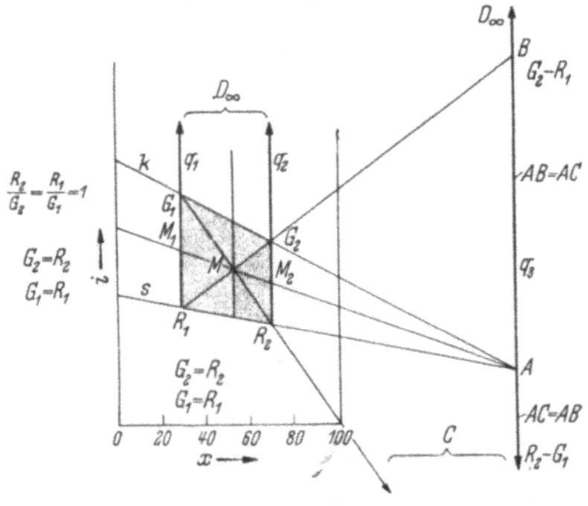

Abb. 27a. Rücklaufverhältnis $v_a = R/G = 1$; $v_d = R/D = \infty$

Wenn die Verdampfungsenthalpie mit zunehmender Zusammensetzung x abnimmt, wie in Abb. 26, so vergrößert sich im Verhältnis $\overline{G_1A}/\overline{G_2A}$ die Gesamtdampfmenge und im Verhältnis $\overline{R_1A}/\overline{R_2A}$ die Rücklaufmenge. Im Pol A wirken:

$$G_2 - G_1 = R_2 - R_1$$

Für den Sonderfall, daß in Gln. (88a) und (88b) wird:

$$\frac{\overline{G_1A}}{\overline{G_2A}} = \frac{G_2}{G_1} = 1$$

ist:

$$\overline{G_1A} = \overline{G_2A}$$

$$G_2 = G_1$$

$$R_2 = R_1$$

Wenn aber $\overline{G_1A} = \overline{G_2A}$ wird, dann fällt A ins Unendliche, die Kondensationskurve k und die Siedekurve s laufen parallel. Das Verhältnis Flüssigkeit R/Dampf G ergibt sich durch Anwendung des Hebelgesetzes am Momentenpunkt D:

$$\frac{R_1}{G_1} = \frac{\overline{G_1D}}{\overline{R_1D}}$$

$$\frac{R_2}{G_2} = \frac{\overline{G_2D}}{\overline{R_2D}}$$

In dem Dreieck $R_1 D R_2$ sind nun $\overline{G_1G_2} \parallel \overline{R_1R_2}$. Deshalb ist auch:

$$\frac{\overline{G_1D}}{\overline{R_1D}} = \frac{\overline{G_2D}}{\overline{R_2D}}$$

und ferner

$$\frac{R_1}{G_1} = \frac{R_2}{G_2}$$

und wegen $G_1 = G_2$ auch $R_1 = R_2$. Die Dampfmenge G und die Rücklaufmenge R und somit das Rücklaufverhältnis v_A (v_d) sind bei gleicher Verdampfungsenthalpie der beiden Komponenten des Zweistoffgemisches konstant. In Abb. 27b ist dieser Fall im MOLLIERschen i-x-Diagramm zeichnerisch behandelt. Die k- und s-Geraden laufen parallel und schneiden sich im unendlich fernen Punkt A_∞. Die Gerade q_3 in Abb. 26 wird in Abb. 27b zu einer Parallelen durch D zur k- und s-Geraden. Da A ins Unendliche gewandert ist, erscheint natürlich C

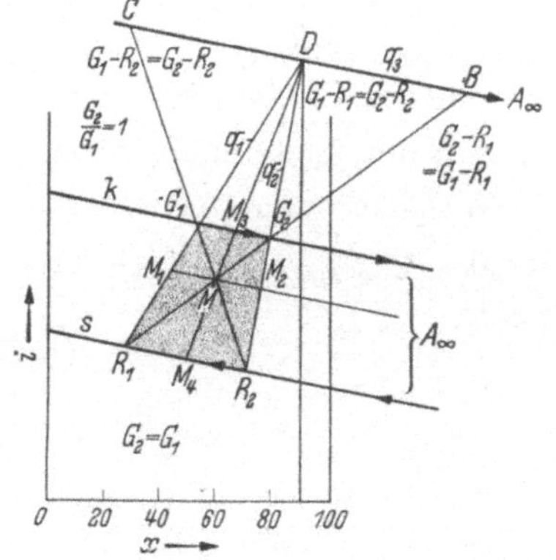

Abb. 27b. Gleiche Verdampfungsenthalpien der Komponenten

nun auf der linken Seite von D, während B auf der rechten Seite bleibt. C und B haben gleichen Abstand von D. In C und B wirken die gleichen Mengen $(G - R) = D =$ Destillatmenge. $\overline{MC}$, $\overline{MD}$, $\overline{MB}$ und $\overline{MA_\infty}$ sind vier harmonische Strahlen mit dem Strahlenbüschelzentrum M. Alle Geraden parallel der Geraden $\overline{MA_\infty}$ werden von den anderen 3 Büschelstrahlen $\overline{MC}$, $\overline{MD}$ und $\overline{MB}$ in Punkten C, D, B auf Gerade q_3, in Punkten G_1, M_3, G_2 auf der k-Geraden, in Punkten R_2, M_4, R_1 auf der s-Geraden so geschnitten, daß $\overline{CD} = \overline{BD}$, $\overline{G_1 M_3} = \overline{G_2 M_3}$, $\overline{R_2 M_4} = \overline{R_1 M_4}$ ist. Die Transversale $\overline{DM_4}$ im $\varDelta R_1 D R_2$ ist also Seitenhalbierende. Deshalb liegt M so, daß zwar $\overline{M_1 M} = \overline{M_2 M}$ ist, daß jedoch M näher an der k-Geraden als an der s-Geraden liegt. Aus der Gl. (88a) wird mit

$$\overline{G_1 A} = \overline{G_2 A}$$

$$\frac{\overline{G_2 D}}{\overline{R_2 D}} \cdot \frac{\overline{R_2 M}}{\overline{G_1 M}} = 1$$

oder

$$\frac{R_2}{G_2} = \frac{\overline{G_2 D}}{\overline{R_2 D}} = \frac{\overline{G_1 M}}{\overline{R_2 M}} = \frac{R_2}{G_1}$$

mit $G_1 = G_2$ ist also diese Bedingung erfüllt.

Bezüglich der Lage des Mischpols M wurde bis jetzt gefunden: Der Mischpol M liegt:

für unendlich großes Rücklaufverhältnis $v_d = \infty$, $D = \infty$:

auf der Seitenhalbierenden von $\overline{G_1 R_1}$ und $\overline{G_2 R_2}$ näher an der $\overline{G_2 R_2}$-Senkrechten (Abb. 27a).

für gleiche Verdampfungsenthalpien der Komponenten:

auf der Seitenhalbierenden von $\overline{G_1 G_2}$ und $\overline{R_1 R_2}$ näher an der $\overline{G_1 G_2}$-Geraden (Abb. 27b).

Der Mischpol M. Nach Abb. 26 gilt für den Mischpol M das Hebelgesetz:

$$G_1 \cdot \overline{G_1 M} = R_2 \cdot \overline{R_2 M}$$

$$R_1 \cdot \overline{R_1 M} = G_2 \cdot \overline{G_2 M}$$

Im Punkt M ist die Resultierende für G_1 und R_2:

$$M = G_2 + R_1$$

Die Gleichung:

$$G_1 + R_2 = G_2 + R_1$$

sagt nichts anderes aus, als die Bilanzgleichungen für die Pole D und A aussagen. Aus Abb. 26 wird der Vorgang der Stoffwanderung anschaulich vor Augen geführt: Wenn der Dampf auf der k-Kurve von G_1 nach G_2

wandert, strömt der Rücklauf auf der s-Kurve von R_2 nach R_1. Hierbei dreht sich der Strahl $\overline{GR}$ von seiner Anfangslage $\overline{G_1 R_2}$ um den Mischpol M in seine Endlage $\overline{G_2 R_1}$. Die beiden Stoffe G (Dampf) und R (Rücklauf) besitzen wegen des Energieerhaltungsgesetzes in Summa dieselbe Größe. Auf der Verbindungsgeraden des Verstärkungspols D mit dem Mischpol M wechselt der Dampf von der linken Seite nach der rechten und der Rücklauf von der rechten Seite nach der linken.

Für den Sonderfall, daß in Gln. (88a) und (88b) wird:

$$\frac{\overline{R_2 M}}{\overline{G_1 M}} = \frac{G_1}{R_2} = 1$$

ist:

$$\overline{R_2 M} = \overline{G_1 M}$$

und somit

$$G_1 = R_2$$

Dann muß aber ebenfalls:

$$\overline{R_1 M} = \overline{G_2 M}$$

und

$$G_2 = R_1$$

werden. Wenn aber $\overline{G_1 M} = \overline{R_2 M}$ wird, dann liegt M (s. Abb. 26) in der Mitte von $\overline{G_1 R_2}$. Dann aber wandert der zu M konjugierte Punkt C ins Unendliche. Wenn $\overline{G_2 M} = \overline{R_1 M}$ wird, liegt M auch in der Mitte von $\overline{G_2 R_1}$. Dann muß der zu M konjugierte Punkt B (s. Abb. 26) ebenfalls ins Unendliche wandern. Die Punkte B und C der Geraden q_3 müssen demnach auf der unendlich fernen Geraden liegen, d. h. q_3 wird zur unendlich fernen Geraden, und mit dieser liegen also auch D sowie A auf ihr. Für das vollständige Viereck $G_1 G_2 R_2 R_1$ heißt dies, daß es ein Parallelogramm wird, wie in Abb. 27c gezeichnet. Wegen D_∞ werden q_1 und q_2 parallel zur Ordinatenachse, wegen A_∞ werden k und s parallel. Das kennzeichnende Poldreieck $D_\infty M A_\infty$ hat nur einen Pol, nämlich den Mischpol M, im Endlichen. Destilliertechnisch heißt dies: Bei gleichen Verdampfungsenthalpien der Komponenten des Zweistoffgemisches (A_∞) und bei unendlich großem Rücklaufverhältnis $v_d (D_\infty)$ fällt der Mischpol M mit dem Schnittpunkt der Parallelogrammdiagonalen zusammen, so daß $\overline{G_1 M} = \overline{R_2 M}$ und

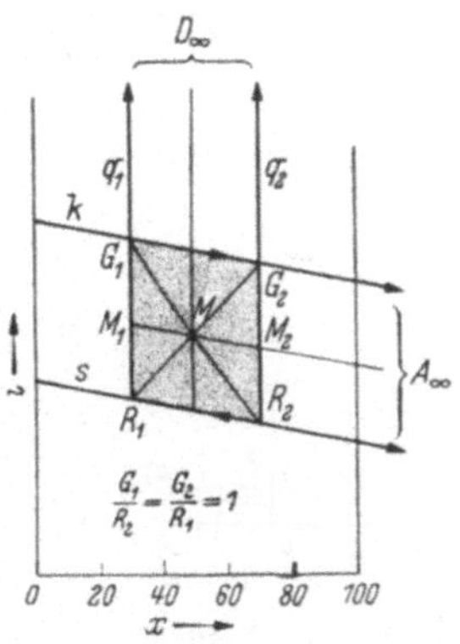

Abb. 27c
Gleiche Verdampfungsenthalpien der Komponenten und Rücklaufverhältnis $v_d = \infty$

$\overline{R_1 M} = \overline{G_2 M}$ werden. Hierbei sind dann:

$$G_1 = G_2 = R_1 = R_2$$

Das kennzeichnende Mischpolverhältnis $\overline{R_2 M} : \overline{G_1 M}$ kann also nur dann zu 1 werden, wenn *gleichzeitig* das kennzeichnende Verstärkungspolverhältnis $\overline{G_2 D} : \overline{R_2 D}$ und das kennzeichnende Austauschpolverhältnis $\overline{G_1 A} : \overline{G_2 A}$ zu 1 werden.

Die Anwendung der hier erörterten harmonischen Beziehungen bei der Verstärkungssäule soll nun im folgenden an einigen Aufgaben aus der Praxis gezeigt werden.

c) Praktische Anwendungen der projektiven Beziehungen

13. Aufgabe. Gegeben seien in Abb. 28 im MOLLIERschen i-x-Diagramm die Kondensationskurve k_0 als Gerade $K_0 U_0$ und die Siedekurve s_0 als Gerade $S_0 V_0$. Die Phasengeraden mögen sich im Austauschpol A schneiden. Außerdem sei noch gegeben der Verstärkungspol D. Zu bestimmen ist durch Benutzung von Lagenbeziehungen die Abhängigkeit des deutschen Rücklaufverhältnisses v_d von der Zusammensetzung x des Zweistoffgemisches. Von welcher Art ist die Kurve $v_d = f(x)$? Wie kann sie konstruiert werden? x soll die Zusammensetzung der Flüssigkeit (Siedekurve) bedeuten.

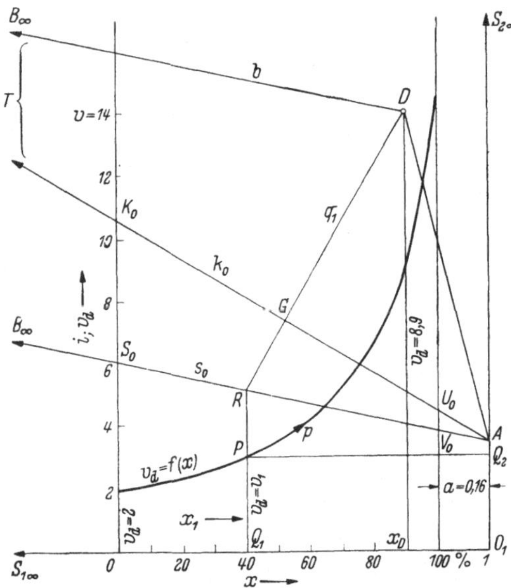

Abb. 28
Abnahme der Verdampfungsenthalpie mit zunehmender Gemischzusammensetzung x (zur 13. Aufgabe)

Lösung. Das deutsche Rücklaufverhältnis v_d ist nach obigen Ausführungen $v_d = \overline{DG}/\overline{RG}$. Zunächst lassen sich zwei kennzeichnende Rücklaufverhältnisse feststellen. Der Austauschpol A, der zwar wegen seiner Lage außerhalb des Konzentrationsbereiches keine praktische Bedeutung hat, ist aber für die weiteren Betrachtungen außerordentlich wichtig. Für ihn ist das Rücklaufverhältnis $\overline{DA}/0 = \infty$. Der Punkt der mathematischen Kurve $v_d = f(x)$ liegt im Unendlichen als $S_{2\infty}$

auf der durch A gezogenen Senkrechten. Ein zweites Grenzrücklaufverhältnis findet man dadurch, daß man durch den Verstärkungspol D eine Parallele b zur Siedegeraden s_0 zieht. b schneidet s_0 in dem unendlich fernen Punkt B_∞, die Kondensationsgerade k_0 aber in dem im Endlichen liegenden Punkt T. Da der Punkt B_∞ die Abszisse $x = -\infty$ besitzt, so wird hier das Rücklaufverhältnis $\overline{DT}/\infty = 0$. Die Kurve $v_d = f(x)$ besitzt also eine senkrechte Asymptote $\overline{S_{2\infty}A}$ mit $v_d = \infty$ und eine mit der x-Achse zusammenfallende waagerechte Asymptote $\overline{S_{1\infty}O_1}$ mit dem Rücklaufverhältnis $v_d = 0$ im unendlich fernen Punkt $S_{1\infty}$ bei $x = -\infty$. Die beiden Asymptoten $\overline{S_{1\infty}O_1}$ und $\overline{S_{2\infty}A}$ schneiden sich in dem Punkt O_1, der um $a\%$ von 100% nach rechts entfernt liegt. Die Punkte P der gesuchten Kurve sind nun bestimmt durch den Schnitt der Parallelen $\overline{PQ_2}$ zur Achse $\overline{S_{1\infty}O_1}$ und der Parallelen $\overline{PQ_1}$ zur Achse $\overline{S_{2\infty}O_1}$. Man kann dies auch mit den Worten der Geometrie der Lage wie folgt ausdrücken: Die Kurve wird erzeugt durch den Schnitt zweier zueinander senkrecht stehender ($PQ_1 \perp PQ_2$) zugehöriger Strahlen von 2 Parallelstrahlenbüscheln mit den Büschelmittelpunkten $S_{1\infty}$ und $S_{2\infty}$ im Unendlichen. Wandert der Kurvenpunkt P in der Richtung p des gezeichneten Pfeiles, so vergrößert sich einerseits der Abstand $\overline{PQ_1}$ von der waagerechten Asymptote und vermindert sich andererseits der Abstand $\overline{PQ_2}$ von der senkrechten Asymptote. Die beiden kongruenten (= parallele Geraden) Strahlenbüschel sind also ungleichsinnig. Ferner liegen die beiden Mittelpunkte $S_{1\infty}$ und $S_{2\infty}$, die ebenfalls Kurvenpunkte darstellen, im Unendlichen. Dies besagt, daß die Kurve von der unendlich fernen Geraden zweimal geschnitten wird. Die Kurve muß demnach eine Hyperbel sein. Da sie auch noch von zwei *kongruenten, ungleichsinnigen* Strahlenbüscheln erzeugt wird, muß die Kurve eine *gleichseitige* Hyperbel mit den Asymptoten $\overline{S_{1\infty}O_1}$ und $\overline{S_{2\infty}O_1}$ sein. Aus diesen Überlegungen folgt leicht die Konstruktion der Rücklaufkurve $v_d = f(x)$ als gleichseitige Hyperbel. Für eine beliebige Querschnittsgerade q_1 in Abb. 28 ergibt sich das Rücklaufverhältnis:

$$v_1 = \frac{\overline{GD}}{\overline{RG}} = 3{,}1$$

Zu der Abszisse $x_1 = 0{,}4$ des Punktes P trägt man als zugehörige Ordinate den Wert $v_1 = 3{,}1$ auf und erhält als einen Punkt der gesuchten Kurve Punkt P. Für diesen ergibt sich mit $a = 0{,}16$ der Inhalt des Rechtecks $PQ_2O_1Q_1$:

$$(1 + a - x_1)\,v_1 = (1 + 0{,}16 - 0{,}4)\cdot 3{,}1 = 2{,}356$$

Für alle Punkte P der gleichseitigen Hyperbel gilt bekanntlich·

$$(1 + a - x)\,v_d = (1 + a - x_1)\,v_1 = 2{,}356$$

und hieraus folgt allgemein:

$$v_d = v_1 \frac{1 - \dfrac{x_1}{1+a}}{1 - \dfrac{x}{1+a}} \qquad (89)$$

Für den vorliegenden Fall erhält man:

$$\text{bei} \quad x = 0 \rightarrow v_0 = 2$$

$$\text{bei} \quad x = 0,9 \rightarrow v_{0,9} = 8,9$$

Wegen der mit der Konzentration x abnehmenden Verdampfungsenthalpie des Zweistoffgemisches erhöht sich also das Rücklaufverhältnis von $v = 2$ bei $x = 0$ auf $v = 8,9$ bei $x = 0,9$. Der Rücklaufkondensator muß für das größte Rücklaufverhältnis $v \geqq 8,9$ bemessen sein.

14. Aufgabe. Wo liegt der Austauschpol A, wenn die Verdampfungsenthalpie mit zunehmender Gemischzusammensetzung x zunimmt? Wie lautet hierfür die allgemeine Beziehung zwischen v_d und x bei geradlinigem Verlauf der Kondensationskurve k_0 und der Siedekurve s_0?

Lösung. Der Austauschpol A liegt in diesem Falle links vom Ursprung O in einer Entfernung a. Die Formel für die allgemeine Beziehung v_d und x ergibt in ganz ähnlicher Weise aus grundsätzlich denselben Überlegungen:

$$v_d = v_1 \frac{1 + \dfrac{x_1}{a}}{1 + \dfrac{x}{a}} \qquad (90)$$

15. Aufgabe. Was folgt aus der 13. und 14. Aufgabe für den Sonderfall konstanter Verdampfungsenthalpie über den gesamten Konzentrationsbereich?

Lösung. Bei konstanter Verdampfungsenthalpie liegt A im Unendlichen, und die Strecke a in den Gln. (89) und (90) wird unendlich. Dadurch werden die Größen $x_1/(1+a)$ und $x/(1+a)$ in Gl. (89) und x_1/a und x/a in Gl. (90) zu Null. Somit wird v_d unabhängig von x und bleibt konstant v_1 über den gesamten Konzentrationsbereich.

16. Aufgabe. Erkläre am vollständigen Viereck $G_1 G_2 R_2 R_1$, das im MOLLIERschen i-x-Diagramm der Abb. 29 die Zustände in einer Zelle der Verstärkungssäule zwischen den Querschnittsgeraden q_1 und q_2 darstellt, den Wärme- und Stoffaustausch bei der Rektifikation eines Zweistoffgemisches. Die Zusammensetzung der Blasenflüssigkeit möge konstant sein. Die Kondensationskurve k und die Siedekurve s mögen durch zwei sich im Austauschpol A schneidende Geraden dargestellt sein. Der Verstärkungspol D und der Austauschpol A mögen als fest im Diagramm angesehen werden.

Lösung. Für die Lösung der Aufgabe ist es vorteilhaft, die Wege des i-x-Diagramms mit einem Pfeil zu versehen und sie als gerichtete Größen (wie Kräfte oder Vektoren) zu betrachten. Durch den Weg der Dampfpunkte auf der Kondensationskurve k ist bereits *eine* Richtung von G_1 nach A und durch den Weg der Rücklaufflüssigkeit auf der Siedekurve s ist schon eine *zweite* Richtung von A nach R_1 vorgegeben. Man kann nun vom Dampfpunkt G_1 auf k zum Rücklaufpunkt R_1 auf s auf 2 Wegen gelangen: Man kann den Dampf G_1 durch das Gebiet der Dampf-Flüssigkeits-Gemische zwischen k-Gerade und s-Gerade unmittelbar auf der Querschnittsgeraden von G_1 nach R_1 kondensieren.

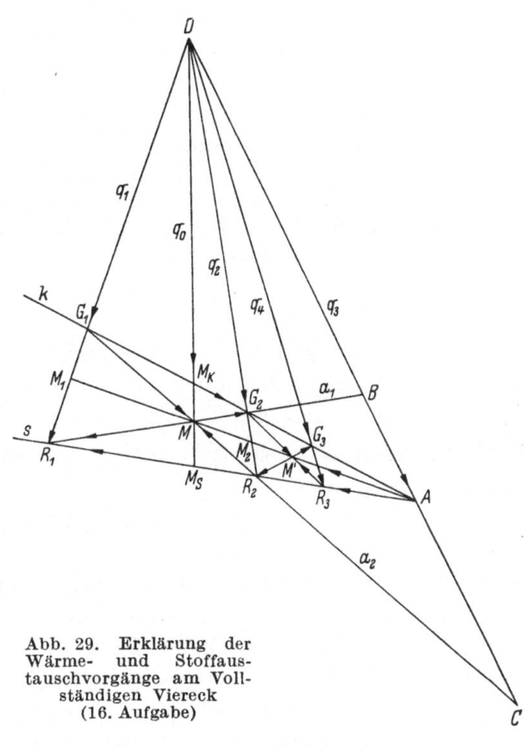

Abb. 29. Erklärung der Wärme- und Stoffaustauschvorgänge am Vollständigen Viereck (16. Aufgabe)

Man kann aber auch den Punkt G_1 auf der k-Geraden von G_1 nach A führen. In A geht der Dampf (natürlich theoretisch) in Flüssigkeit über. Von A wird nun der Punkt G_1 als R-Punkt zurückgeführt nach R_1. Für die 3 Wege gilt das Dreieck $G_1 A R_1$, und zwischen den Seiten dieses Dreiecks besteht die Gleichung:

$$\overline{G_1 R_1} = \overline{G_1 A} \rightarrowtail \overline{A R_1}$$

Das Zeichen $\rightarrowtail$ bedeutet, daß eine geometrische Addition gemeint ist. Da der Richtungssinn von $\overline{G_1 A}$ und $\overline{A R_1}$ gegeben ist, so muß für die Resultierende $\overline{G_1 R_1}$ die Richtung von G_1 nach R_1 gelten.

Ferner ist, wie aus Abb. 29 hervorgeht,

$$\overline{D R_1} = \overline{D G_1} + \overline{R_1 G_1} = \overline{D G_1} \rightarrowtail \overline{R_1 G_1}$$

Setzt man für $\overline{R_1 G_1}$ den soeben gefundenen Wert ein, so wird:

$$\overline{D R_1} = \overline{D G_1} \rightarrowtail (\overline{G_1 A} \rightarrowtail \overline{A R_1})$$

oder auch $\qquad \overline{DR_1} = (\overline{DG_1} \rightsquigarrow \overline{G_1A}) \rightsquigarrow \overline{AR_1} = \overline{DA} \rightsquigarrow \overline{AR_1}$

Hieraus folgt, daß $\overline{DA}$ als Resultierende den Richtungssinn von D nach A erhalten muß.

Zusammenfassend findet man durch ähnliche Überlegungen:

$$\text{für den Dampf:} \quad \begin{cases} \overline{DG_1} \rightsquigarrow \overline{G_1A} = \overline{DA} & (91\,\text{a}) \\[2mm] \overline{DG_2} \rightsquigarrow \overline{G_2A} = \overline{DA} & (91\,\text{b}) \end{cases}$$

$$\text{für die Flüssigkeit:} \quad \begin{cases} \overline{DA} \rightsquigarrow \overline{AR_1} = \overline{DR_1} & (91\,\text{c}) \\[2mm] \overline{DA} \rightsquigarrow \overline{AR_2} = \overline{DR_2} & (91\,\text{d}) \end{cases}$$

Zwischen den 3 Polen D, A und M des charakteristischen Poldreiecks besteht die Beziehung:

$$\overline{DA} \rightsquigarrow \overline{AM} = \overline{DM} \tag{92}$$

Hierbei ist unter $\overline{DM}$ der resultierende Weg vom Verstärkungspol D nach dem Mischpol M zu verstehen. Will man in Gl. (92) zum Ausdruck bringen, daß die 3 Wege den Gleichgewichtszustand kennzeichnen, so muß in Gl. (92) $\overline{DM}$ mit entgegengesetztem Richtungssinn versehen werden. Gl. (92) muß dann geschrieben werden:

$$\overline{DA} \rightsquigarrow \overline{AM} \rightsquigarrow \overline{DM} = 0 \tag{93}$$

Mit anderen Worten heißt dies: Im Poldreieck der *Verstärkungssäule* ist der Drehsinn *rechtsherum*. An einer später folgenden Stelle wird gezeigt werden, daß der Drehsinn im Poldreieck der *Abtriebssäule linksherum* ist. Wendet man auf die Gln. (91) dieselben Überlegungen an, indem man in den Gln. (91a) und (91b) $\overline{DA}$ mit entgegengesetztem Richtungssinn versieht, so erhält man für den Dampf einen *linksdrehenden* Umfahrungssinn der Dreiecke G_1DA und DG_2A und für den Rücklauf [Gln. (91c) und (91d)] einen *rechtsdrehenden* Umfahrungssinn der Dreiecke DAR_1 und DAR_2. An Hand des vollständigen Vierecks $G_1G_2R_2R_1$ in Abb. 29 soll nun der Wärme- und Stoffaustausch in der Verstärkungssäule besprochen werden. Damit der Dampf vom Zustand G_1 auf der Kondensationskurve k in den Zustand G_2 und der Rücklauf vom Zustand R_2 auf der Siedekurve s in den Zustand R_1 übergehen können, müssen im Mischpol M Austauschvorgänge vonstatten gehen. Aus der Abbildung ersieht man, daß sich die resultierende Mischstrecke $\overline{DM}$ auf der Dampfseite durch die Komponentenstrecken $\overline{DR_2}$ und $\overline{R_2M}$ zusammensetzt:

$$\overline{DG_1} \rightsquigarrow \overline{G_1M} = \overline{DM} \quad \text{(Dampfseite)}$$

$$\overline{DR_2} \rightsquigarrow \overline{R_2M} = \overline{DM} \quad \text{(Flüssigkeitsseite)}$$

Die Richtungspfeile der Strecken $\overline{G_1 M}$ und $\overline{R_2 M}$ sind hierbei auf M hin gerichtet. Dies bedeutet, daß durch Dampf G_1 und Rücklauf R_2 das Flüssigkeits-Dampf-Gemisch M *gebildet* wird. Das Entstehen von M verläuft derart, daß einerseits der Dampf auf dem Wege von G_1 nach M kondensiert und andererseits Rücklaufflüssigkeit auf dem Wege von R_2 nach M verdampft. Durch den Vorgang der Verdampfung gibt der Rücklauf R_2 Leichtsiedendes ab und erhöht seine Enthalpie, während durch den Vorgang der Kondensation der Dampf G_1 an Leichtsiedendem zunimmt, aber seine Enthalpie erniedrigt. Die Wärmeenergie zum Verdampfen von R_2 unter gleichzeitiger Abnahme von Leichtsiedendem liefert die teilweise Kondensation von G_1 unter gleichzeitiger Abnahme an Enthalpie. Die Energiebilanz dieser beiden gekoppelten Verdampfungs- und Kondensationsvorgänge wird durch das Hebelgesetz

$$G_1 \cdot \overline{G_1 M} = R_2 \cdot \overline{R_2 M}$$

zum Ausdruck gebracht. In M befinden sich die Mengen $(G_1 + R_2)$ in ihrer neuen Gestalt der teilweisen Verdampfung bzw. Kondensation. Im weiteren Verlauf des Austauschvorganges tritt ein *Zerfall* des Dampf-Flüssigkeits-Gemisches M in den an Leichtsiedendem angereicherten Dampf G_2 und in die an Leichtsiedendem verarmte Rücklaufflüssigkeit R_1 ein. Auch hier sind die ablaufenden Verdampfungs- und Kondensationsvorgänge energetisch durch das entsprechende Hebelgesetz:

$$G_2 \cdot \overline{G_2 M} = R_1 \cdot \overline{R_1 M}$$

miteinander verbunden. Aus dem Gemisch M entsteht nun durch Kondensation die Rücklaufflüssigkeit R_1 in der Querschnittsgeraden q_1 und durch Verdampfung der in der Säule hochsteigende Dampf G_2 der Querschnittsgeraden q_2. Man beachte, daß bei der Spaltung des Gemisches M die Verdampfung auf der Dampfseite $(\overline{M G_2})$ und die Kondensation auf der Flüssigkeitsseite $(\overline{M R_1})$ eintritt, während vorher bei der Bildung des Gemisches M die Verdampfung auf der Flüssigkeitsseite $(\overline{R_2 M})$ und die Kondensation auf der Dampfseite $(\overline{G_1 M})$ erfolgte. Dies ist ganz natürlich, weil ja zunächst der aus der Blase kommende Dampf G_1 die erforderliche Bildungsenergie liefern muß und die verdampfende Rücklaufflüssigkeit R_2 das erforderliche Leichtsiedende mitbringen muß. Der Vorgang der Spaltung des Gemisches M wird durch die Pfeilrichtungen von M nach R_1 und von M nach G_2, also von M fort, gekennzeichnet. Im MOLLIER-Diagramm der Abb. 29 wird nun der Übergang vom Dampfzustand G_1 über M in den Dampfzustand G_2 durch das Viereck $D G_1 M G_2$, der Übergang vom Flüssigkeitszustand R_2 über M nach R_1 durch das Viereck $D R_2 M R_1$ dargestellt. Hierbei ist der in die Querschnittsgerade q_2 fallende Vektor $\overline{D G_2}$ des „Dampfvierecks" DG_1MG_2 der Resultierende aus dem Anfangsvektor $\overline{DG_1}$ und den beiden anderen Vektoren $\overline{G_1M}$ der Kondensation sowie $\overline{MG_2}$ der Verdampfung gemäß der aus der Abbildung sofort ablesbaren geometrischen Addition:

$$\overline{DG_2} = \overline{DG_1} \rightarrow \overline{G_1M} \rightarrow \overline{MG_2}$$

Ebenso ist der in die Querschnittsgerade q_1 fallende Vektor $\overline{DR_1}$ des „Rücklaufvierecks" DR_2MR_1 der Resultierende aus dem Anfangsvektor $\overline{DR_2}$ und den beiden anderen Vektoren $\overline{R_2M}$ der Verdampfung sowie $\overline{MR_1}$ der Kondensation gemäß der geometrischen Addition:

$$\overline{DR_1} = \overline{DR_2} \rightarrow \overline{R_2M} \rightarrow \overline{MR_1}$$

Dampfviereck und Rücklaufviereck sind durch den Mischpol M miteinander gekoppelt. Wenn auch der vierte Punkt M des Rücklaufvierecks innerhalb des Dreiecks DR_1R_2 liegt und nicht, wie beim Dampfviereck, außerhalb des Dreiecks DG_1G_2, so gelten doch in gleicher Weise die Gesetze des vollständigen Vierecks [*30*]. Für das Dampfviereck DG_1MG_2 sind die Rücklaufpunkte R_1 und R_2 auf der Siedegeraden s die Fundamentalpunkte. Sie werden durch M_s und A innerlich und äußerlich getrennt. Für das Rücklaufviereck DR_2MR_1 sind die Dampfpunkte G_1 und G_2 auf der Kondensationsgeraden k die Fundamentalpunkte. Sie werden durch M_k und A innerlich und äußerlich getrennt. Aus Abb. 29 lassen sich noch einige leichtverständliche Zusammenhänge ablesen:

$$\text{von } G_1 \text{ nach } G_2: \quad \overline{G_1G_2} = \overline{G_1M} \rightarrow \overline{MG_2}$$

d. h. die Gesamtänderung von G_1 nach G_2 geht vonstatten durch die Kondensation von $\overline{G_1M}$ und durch die Verdampfung von $\overline{MG_2}$

$$\text{von } R_2 \text{ nach } R_1: \quad \overline{R_2R_1} = \overline{R_2M} \rightarrow \overline{MR_1}$$

d. h. die Gesamtänderung von R_2 nach R_1 erfolgt durch die Verdampfung von $\overline{R_2M}$ und durch die Kondensation $\overline{MR_1}$.

Aus den Ausführungen geht hervor, daß der Mischpol M die Vorgänge der abwechselnden Kondensation und Verdampfung im Dampf und in der Rücklaufflüssigkeit sehr anschaulich darzustellen vermag. Bei geradlinigem Verlauf der Kondensationskurve k und der Siedekurve s liegen überdies alle Mischpole M auf einer Geraden durch den Austauschpol A. Die von diesem ausgehenden Strahlen $\overline{AR_1}, \overline{AM}, \overline{AG_1}$ und $\overline{AD}$ sind vier harmonische Strahlen. Alle Geraden, die nicht durch A gehen und die vier harmonischen Strahlen schneiden, werden von diesen in vier harmonischen Punkten getroffen, also q_1 in R_1, M_1, G_1, D; q_0 in M_s, M, M_k, D; q_2 in R_2, M_2, G_2, D; a_1 in R_1, M, G_2, B; a_2 in G_1, M, R_2, C.

Wenn der Austauschpol A außerhalb der Darstellungsebene des MOLLIERschen i-x-Diagramms zu liegen kommt, benutzt man die geometrische Eigenschaft des vollständigen Vierecks, daß sämtliche Mischpole M auf einer durch A gehenden geraden Linie liegen. Man hat deshalb nur von D einen weiteren Querschnittsstrahl q_4 zu ziehen. Die Schnittpunkte dieses Strahles mit der Kondensationsgeraden k und der Siedegeraden s liefern 2 Punkte G_3 und R_3. Die Verbindungsgeraden $R_2 G_3$ und $G_2 R_3$ liefern den Mischpol M'. Die Verbindungsgerade MM' geht dann durch A. Die Gerade AM_1 ist im günstigsten Falle Seitenhalbierende des Dreiecks $G_1 A R_1$, wenn D im Unendlichen liegt und mit unendlich großem Rücklaufverhältnis gefahren wird.

Im ungünstigsten Falle fällt $\overline{AM_1}$ mit $\overline{AG_1}$ zusammen, wenn AD in die Kondensationsgerade k fällt. Dann ist das Rücklaufverhältnis $v_d = 0$. Ein Stoffaustausch kann nicht mehr stattfinden, weil M nicht mehr im heterogenen Dampfflüssigkeitsgebiet liegt.

17. Aufgabe. Vergleiche die Darstellung des Rektifikationsvorganges im McCABE-THIELE-Diagramm mit der im MOLLIERschen i-x-Diagramm bei einem Rücklaufverhältnis $v_d = \infty$ und zeige den Wärme- und Stoffaustausch in einer von 2 Querschnittsgeraden und den beiden Phasengeraden k und s begrenzten Destillierzelle an Hand von Abb. 30.

Lösung. In Abb. 30 ist in einem y-x-Diagramm (y = Dampfgehalt, x = Flüssigkeitsgehalt) die Gleichgewichtskurve für ein Ideal-Zweistoffgemisch gemäß der Gleichung:

$$y = \frac{m\,x}{1 + (m-1)\,x}$$

für $m = 2$, also

$$y = \frac{2\,x}{1 + x}$$

aufgetragen. Ein Destillat von 95% soll gewonnen werden. Die Zusammensetzung der Blasenflüssigkeit sei $x = 10\%$. Man zeichnet in bekannter Weise [31] den Treppenzug zwischen der Gleichgewichtskurve und der Diagrammdiagonalen (da ja $v_d = \infty$ sein soll) ein. Man erhält dann auf der Diagonalen die Punkte 1, 3, 5, 7, 9, 11, 13, 15 und auf der Gleichgewichtskurve die Punkte 2, 4, 6, 8, 10, 12 und 14. Man erhält somit sieben theoretische Böden.

Nun überträgt man in das darunter gezeichnete MOLLIER-Diagramm die einzelnen Punkte auf die Kondensationsgerade k und die Siedegerade s. Da für das Rücklaufverhältnis $v_d = \infty$ der Verstärkungspol D im Unendlichen liegt, müssen alle Querschnittsgeraden q_1 bis q_8 senkrecht zur x-Achse stehen. Wenn aber der die Fundamentalpunkte 2 und 3, 4 und 5, 6 und 7, 8 und 9, 10 und 11, 12 und 13, 14 und 15 äußerlich trennende Punkt D im Unendlichen liegt, muß der die Fundamentalpunkte 2 und 3, 4 und 5, . . . , 14 und 15 innerlich trennende konjugierte Punkt der Halbierungspunkt der Strecken 2 ÷ 3, 4 ÷ 5, . . . , 14 ÷ 15 sein. Dies besagt, daß die von A ausgehende Mischpolgerade „m" die Seitenhalbierende in den Dreiecken 2 3 A, 4 5 A usw. ist. Die Verbindungsgeraden 1 ÷ 2, 3 ÷ 4, 5 ÷ 6, 7 ÷ 8 usw. sind die Konnoden zwischen Flüssigkeit und Dampf im Mischgebiet

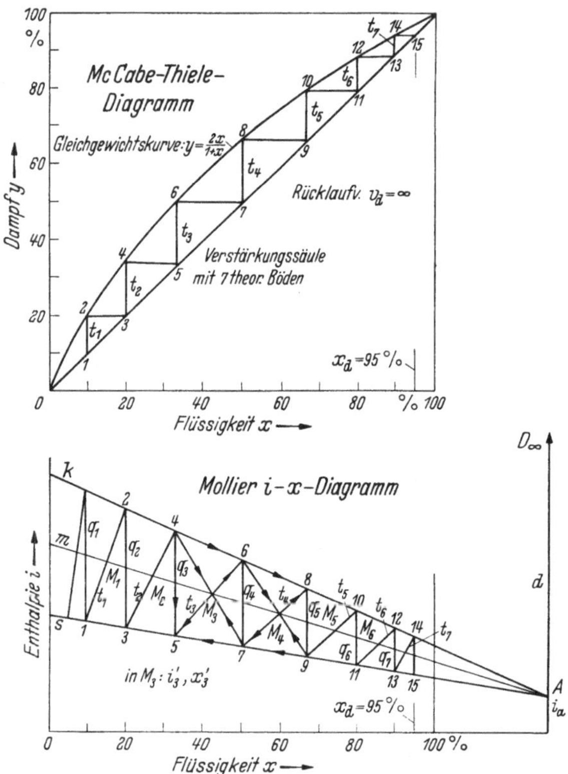

Abb. 30. Rektifikationsvorgang im McCabe-Thiele- und Mollier-i-x-Diagramm (17. Aufgabe)

und sind Geraden gleicher Temperatur, da ja der Gleichgewichtszustand zwischen Flüssigkeit und Dampf gleiche Temperatur bedingt. Die Mischpole M_1, M_2, M_3, M_4, M_5 usw. liegen auf den Isothermen 1 ÷ 2, 3 ÷ 4, 5 ÷ 6, ... Die anderen Diagonalen 4 ÷ 7, 6 ÷ 9 usw. der vollständigen Vierecke 4 6 7 5, 6 8 9 7 usw. sind keine Isothermen.

Am vollständigen Viereck 4 6 7 5 soll der Wärme- und Stoffaustausch näher untersucht werden. Bei 4 treten G_4 kg/h Dampf und bei 7 R_7 kg/h Rücklauf ein. Für die Diagonale 4 M_3 7 gilt:

$$G_4 \cdot \overline{4\,M_3} = R_7 \cdot \overline{7\,M_3}$$

Ferner folgt aus der Darstellung:

$$\frac{i_4 - i_3}{i_3 - i_7} = \frac{\overline{4\,M_3}}{7\,M_3} = \frac{R_7}{G_4}$$

und

$$\frac{x_3 - x_4}{x_7 - x_3} = \frac{\overline{4\,M_3}}{7\,M_3} = \frac{R_7}{G_4}$$

Aus diesen Gleichungen ergibt sich:

$$G_4(i_4 - i_3) = R_7(i_3 - i_7)$$

$$G_4(x_3 - x_4) = R_7(x_7 - x_3)$$

In Worten heißt dies: Der Rücklauf R_7 *verdampft* vom Zustand 7 in den Zustand M_3. Die hierzu erforderliche Verdampfungswärme $R_7(i_3 - i_7)$ wird von dem kondensierenden Dampf G_4 geliefert, der die Kondensationswärme $G_4(i_4 - i_3)$ abgibt. Gleichzeitig gibt der Rücklauf R_7 die Menge an Leichtsiedendem $R_7(x_7 - x_3)$ ab, während der Dampf G_4 die Menge an Leichtsiedendem $G_4(x_3 - x_4)$ aufnimmt. In M_3 befindet sich das aus G_4 und R_7 entstandene Flüssigkeits-Dampf-Gemisch $(G_4 + R_7)$ mit der Enthalpie i_3 und der Zusammensetzung x_3. Die beiden letzten obigen Gleichungen können in einer Form geschrieben werden, aus der dieser Sachverhalt sofort zu erkennen ist:

$$(G_4 + R_7)\,i_3 = G_4\,i_4 + R_7\,i_7$$

und

$$(G_4 + R_7)\,x_3 = G_4\,x_4 + R_7\,x_7$$

Der Rücklauf R_7 konnte nach dem zweiten Hauptsatz *nicht von selbst* aus dem Zustand 7 mit der niederen Temperatur t_4 in den Zustand M_3 mit der höheren Temperatur t_3 übergehen, sondern mußte durch die Zusatzenergie des kondensierenden Dampfes $G_4(i_4 - i_3)$ dazu gebracht werden, der von der höheren Temperatur t_2 auf die niedrigere Temperatur t_3 kondensierte. In M_3 folgt nun eine isotherme Trennung bei der Temperatur t_3 in trockenen Dampf G_6 und gesättige Rücklaufflüssigkeit R_5. Die Zustände 5 und 6 sind die zur Temperatur t_3 gehörigen Gleichgewichtszustände von Flüssigkeit und Dampf. Es muß natürlich gelten:

$$(G_4 + R_7) = (G_6 + R_5)$$

$$(G_6 + R_5)\,i_3 = G_6\,i_6 + R_5\,i_5$$

$$(G_6 + R_5)\,x_3 = G_6\,x_6 + R_5\,x_5$$

Formt man diese Gleichungen etwas um, so erhält man:

$$G_6(i_6 - i_3) = R_5(i_3 - i_5)$$

$$G_6(x_6 - x_3) = R_5(x_3 - x_5)$$

In Worten heißt dies: Die zur Verdampfung von G_6 erforderliche Verdampfungswärme $G_6(i_6 - i_3)$ wird durch die Kondensationswärme

$R_5\,(i_3 - i_5)$ bestritten. Die gesamte *Verstärkungswirkung des Dampfes* von 4 auf 6 wird dargestellt in Abb. 30:

$$\overline{4\,6} = \overline{4\,M_3} \dashrightarrow \overline{M_3\,6}$$

Die *Verarmung des Rücklaufes* an Leichtsiedendem von 7 auf 5 wird dargestellt in Abb. 30:

$$\overline{7\,5} = \overline{7\,M_3} \dashrightarrow \overline{M_3\,5}$$

Der Dampf-*Verstärkungs*-Vorgang ist mit dem Rücklauf-*Verarmungs*-vorgang im Mischpol M_3 gekoppelt. Während in den unteren Böden der Verstärkungssäule größere Wärme- und Stoffaustauschvorgänge stattfinden, werden die Umsetzungen in den oberen Böden immer geringer, weil die vollständigen Vierecke immer kleiner werden.

18. Aufgabe. Leite aus Abb. 30 für unendlich großes Rücklaufverhältnis $v_d = \infty$ die Formeln dafür ab, daß die Verdampfungswärme $G\varDelta i$ (kcal/h) des aufsteigenden Dampfes für alle Querschnittsgeraden q_1, q_2, ... konstant ist. Zeige ferner, daß die auf die Enthalpie i_a des Austauschpols A bezogene Rücklaufwärme für alle Querschnittsgeraden konstant ist.

Lösung. Aus den beiden ähnlichen Dreiecken $4\,5\,A$ und $6\,7\,A$ der Abb. 30 folgt:

$$\frac{i_4 - i_5}{i_6 - i_7} = \frac{\overline{4\,A}}{\overline{6\,A}}$$

Aus dem Hebelgesetz für Pol A ergibt sich ferner:

$$\frac{G_6}{G_4} = \frac{\overline{4\,A}}{\overline{6\,A}}$$

Durch Vergleich beider Gleichungen findet man:

$$\frac{i_4 - i_5}{i_6 - i_7} = \frac{G_6}{G_4}$$

oder

$$G_4\,(i_4 - i_5) = G_6\,(i_6 - i_7)$$

Ebenso erhält man aus den Dreiecken $6\,7\,A$ und $8\,9\,A$:

$$G_6\,(i_6 - i_7) = G_8\,(i_8 - i_9)$$

Nach Fortsetzung dieser Betrachtungsweise für die übrigen Querschnitte erhält man schließlich:

$$G_2\,(i_2 - i_3) = G_4\,(i_4 - i_5) = G_6\,(i_6 - i_7) = G_8\,(i_8 - i_9) = G_{10}\,(i_{10} - i_{11})$$
$$= G_{12}\,(i_{12} - i_{13}) = G_{14}\,(i_{14} - i_{15}) = \text{const}$$

$G_2\,(i_2 - i_3)$ usw. sind aber die Verdampfungswärmemengen des aufsteigenden Dampfes.

Für den Rücklauf in den beiden Querschnittsgeraden q_3 und q_4 findet man in einfacher Weise:

$$\frac{i_7 - i_a}{i_5 - i_a} = \frac{\overline{7A}}{\overline{5A}} = \frac{R_5}{R_7}$$

und

$$R_5(i_5 - i_a) = R_7(i_7 - i_a)$$

Nach Fortsetzung dieses Rechenverfahrens für die anderen Querschnittsgeraden findet man schließlich:

$$R_3(i_3 - i_a) = R_5(i_5 - i_a) = R_7(i_7 - i_a) = R_9(i_9 - i_a) = \ldots R_{15}(i_{15} - i_a)$$

Ferner leitet man aus obigen Beziehungen ab:

$$i_a(G_4 - G_2) = i_a(R_5 - R_3) = G_4\,i_4 - G_2\,i_2$$
$$i_a(G_6 - G_4) = i_a(R_7 - R_5) = G_6\,i_6 - G_4\,i_4$$
$$i_a(G_8 - G_6) = i_a(R_9 - R_7) = G_8\,i_8 - G_6\,i_6$$
$$i_a(G_{10} - G_8) = i_a(R_{11} - R_9) = G_{10}\,i_{10} - G_8\,i_8$$
$$i_a(G_{12} - G_{10}) = i_a(R_{13} - R_{11}) = G_{12}\,i_{12} - G_{10}\,i_{10}$$
$$i_a(G_{14} - G_{12}) = i_a(R_{15} - R_{13}) = G_{14}\,i_{14} - G_{12}\,i_{12}$$

Für den Raum zwischen den Querschnittsgeraden q_3 und q_4 erhält man dann auch:

$$(G_6\,i_6 - G_4\,i_4) - i_a(R_7 - R_5) = 0$$

Setzt man noch aus obiger Gleichung $R_5(i_5 - i_a) = R_7(i_7 - i_a)$

$$i_a(R_7 - R_5) = R_7\,i_7 - R_5\,i_5$$

so wird:

$$G_6\,i_6 - G_4\,i_4 = R_7\,i_7 - R_5\,i_5$$

In Worten: Die Zunahme des Wärmeinhaltes des Dampfes $(G_6\,i_6 - G_4\,i_4)$ ist gleich der Abnahme des Wärmeinhaltes $(R_7\,i_7 - R_5\,i_5)$ des Rücklaufes.

Betrachtet man die beiden Querschnittsgeraden q_3 und q_4, so muß man sich in dem Austauschpol A mit der für Dampf G und Rücklauf R gemeinsamen Enthalpie i_a die für den Austausch erforderlichen Größen angebracht denken:

$$G_6 - G_4 = R_7 - R_5$$

oder

$$G_6 - R_7 = G_4 - R_5$$

Im vorliegenden Fall des unendlich großen Rücklaufverhältnisses $v_d = \infty$ ist $G_6 = R_7$ und $G_4 = R_5$, so daß die obigen Differenzen $(G_6 - R_7)$ und $(G_4 - R_5)$ zu Null werden.

19. Aufgabe. Erkläre den Vorgang des Anfahrens einer Verstärkungssäule auf Grund der harmonischen Lagebeziehungen an Hand von Abb. 31.

Lösung. In Abb. 31 sind für 2 Zweistoffgemische die Kondensationskurve k und die Siedekurve s als gerade Linien im MOLLIERschen i-x-Diagramm gezeichnet. Im oberen Schaubild liegt der Austauschpol A rechts, im unteren links. Von den 3 Polen, Austauschpol A, Verstärkungspol D und Mischpol M, ist im Zustand des Anfahrbeginns

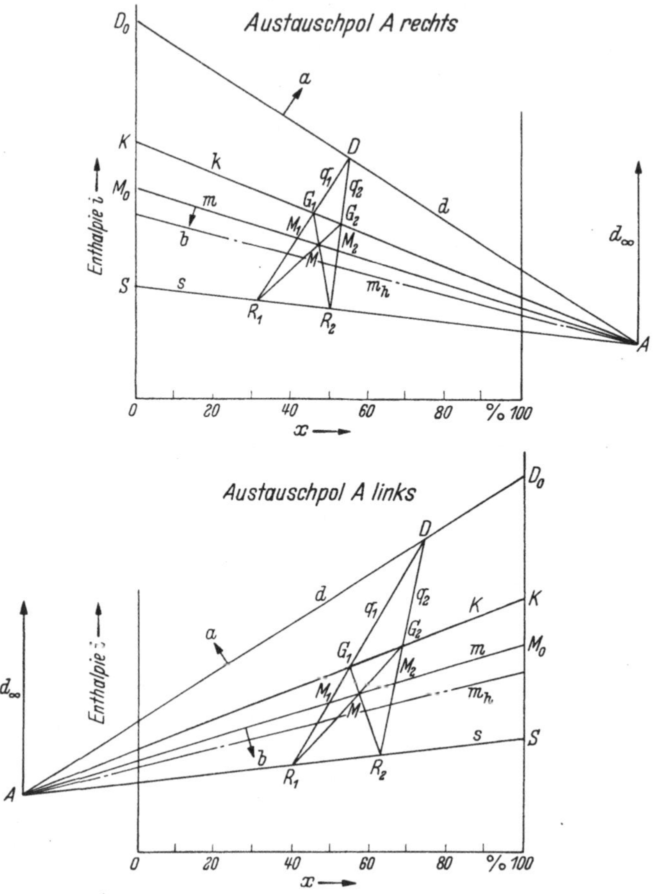

Abb. 31. Harmonische Lagebeziehungen beim Anfahren (19. Aufgabe)

nur der durch Kondensationskurve k und Siedekurve s bestimmte Austauschpol A vorhanden. Der durch den Verstärkungspol D gehende Strahl d des harmonischen Strahlenbüschels mit dem Zentrum A fällt mit der Kondensationsgeraden k zusammen, ebenso der durch die Mischpole M gehende Strahl m.

Nach früheren Ausführungen sind die von A ausgehenden vier Strahlen s, m, k und d vier harmonische Strahlen, weil sie aus dem

Strahlenzentrum A die vier harmonischen Punkte R_1, M_1, G_1, D bzw. R_2, M_2, G_2, D oder S, M_0, K, D_0 projizieren und bekanntlich vier harmonische Punkte einer Geraden aus jedem Punkt durch vier harmonische Strahlen projiziert werden. Die 2 Fundamentalstrahlen k und s werden nun durch den Mischstrahl m, auf dem die Mischpole M liegen, „innerlich" und durch den Strahl d, auf dem der Verstärkungspol D liegt, „äußerlich" getrennt. Die in der Geometrie der Lage bei harmonischen Strahlen allgemein benutzte Bezeichnung der „innerlichen" und „äußerlichen" Trennung der Fundamentalstrahlen stellt hier im physikalischen Geschehen eine wirklich „innerliche" und eine „äußerliche" Trennung von Dampf und Rücklaufflüssigkeit dar. Denn der die Fundamentalgerade k (Kondensationskurve) und s (Siede-kurve) äußerlich trennende Strahl d verbindet den Austauschpol A mit dem Verstärkungspol D, der maßgebend ist für die außerhalb der Verstärkungssäule (äußerlich) im Rücklaufkondensator vonstatten gehende Trennung der Gesamtdampfmenge G in Rücklauf R und Erzeugnisdestillat D. Der die Fundamentalgeraden k und s „innerlich" trennende Strahl m verbindet den Austauschpol A mit allen auf m liegenden Mischpolen M. In diesen im heterogenen Dampf-Flüssig-keits-Gebiet liegenden Mischpolen aber erfolgt auf jedem Boden der Verstärkungssäule, also im „Innern" der Säule, die Anreicherung an Leichtsiedendem im Dampf und die Verarmung an Leichtsiedendem in der Rücklaufflüssigkeit durch Verdampfungs- und Kondensations-vorgänge, wie sie in Aufgabe 18 behandelt wurden. Nachdem nun die Verstärkungssäule angefahren ist und der Rücklauf die Säule zu be-rieseln anfängt, lösen sich die Strahlen d und m allmählich von der k-Geraden und wandern nach oben (Pfeil a, Strahl d) und nach unten (Pfeil b, Strahl m). Schließlich, für unendlich großes Rück-laufverhältnis $v_d = \infty$, steht d parallel zur Ordinatenachse und ist m zur Seitenhalbierenden m_h im Dreieck KAS geworden. Die Gesamt-dampfmenge G in irgendeiner Querschnittsgeraden ist gleich der Rück-laufmenge R. Bei dem Rücklaufverhältnis $v_d = \infty$ liegen also die Misch-pole M am tiefsten im Dampf-Flüssigkeits-Gebiet. Deshalb erfolgt hier auch die beste Austauschwirkung zwischen Dampf und Flüssig-keit.

d) Die Abtriebssäule

Die *unten* in die *Verstärkungssäule* eintretende Gemischdampf-menge G kg/h ist gleich der Summe der ihr entgegenströmenden, die An-reicherung an Leichtsiedendem erzeugenden Rücklaufmenge R kg/h und der oben entnommenen Fertigdestillatmenge D kg/h, also:

$$G = R + D \qquad G > R$$

Das *oben* der *Abtriebssäule* zugeführte Flüssigkeitsgemisch F'_m kg/h zusammen mit dem aus der Verstärkungssäule herabströmenden Rücklauf R kg/h, also insgesamt

$$F' = F'_m + R$$

wird möglichst weitgehend durch den entgegenströmenden Gemischdampf G' der Abtriebssäule von dem Leichtsiedenden befreit und läuft als Ablaufflüssigkeit F'_1 *unten* an der Abtriebssäule ab, also:

$$F' = G' + F'_1 \qquad F' > G' \;^1$$

Wichtig für die weiteren Betrachtungen ist nun die Feststellung, daß bei der *Verstärkungssäule* die aufsteigende Dampfmenge G kg/h größer

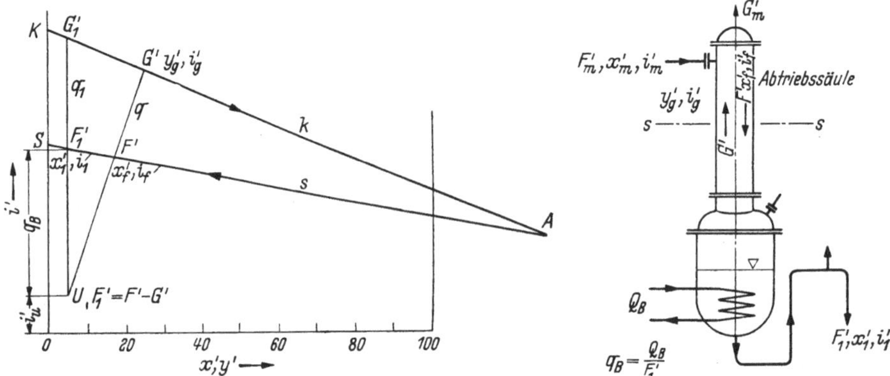

Abb. 32. Eklärungsskizze zur Abtriebssäule

als die herabrieselnde Rücklaufflüssigkeitsmenge R kg/h ist und daß bei der *Abtriebssäule* die herabrieselnde Flüssigkeitsmenge F' kg/h größer als die aufsteigende Dampfmenge G' kg/h ist. Vom Standpunkt der Geometrie der Lage aus gesehen muß deshalb der die beiden Phasenpunkte des Dampfes und der Flüssigkeit äußerlich trennende Punkt für die Abtriebssäule, der Abtriebspol U, auf der Flüssigkeitsseite unterhalb der Siedekurve liegen.

Zunächst sollen an der einfachen Abtriebssäule (ohne Verstärkungssäule) die Verhältnisse besprochen werden. Der Abtriebssäule werde (s. Abb. 32) kontinuierlich die Flüssigkeitsmenge F'_m mit der Zusammensetzung x'_m und der Enthalpie i'_m zugeführt. Aus der Blase möge die weit entgeistete Flüssigkeitsmenge F'_1 mit der Zusammensetzung x'_1 und Enthalpie i'_1 abfließen. In einem beliebigen Querschnitt ($s \div s$) steige die Dampfmenge G' (y', i') auf und ströme die Flüssigkeits-

---

^{1} Die Dämpfe und Flüssigkeiten in der Abtriebssäule sollen mit einem Strich versehen werden, also F', G'.

menge $F'(x', i') > G'$ abwärts. In dem i'-x'-Diagramm möge für diesen Fall U der Abtriebspol sein. Für die Querschnittsgerade $G'F'U$ gilt alsdann bei Gleichgewicht die auf den Momentenpol G' bezogene Bilanzgleichung:

$$\frac{\overline{G'U}}{\overline{G'F'}} = \frac{F'}{F'-G'} \tag{94}$$

Gl. (94) liefert je eine Gleichung für i' und x' bzw. y':

$$\frac{\overline{G'U}}{\overline{G'F'}} = \frac{i'_g - i'_u}{i'_g - i'_f} \tag{94a}$$

$$\frac{\overline{G'U}}{\overline{G'F'}} = \frac{y'_g - x'_1}{y'_g - x'_f} \tag{94b}$$

Durch Gleichsetzung von Gl. (94a) und (94b) findet man die zwischen Enthalpie i' und Zusammensetzung $x'(y')$ bestehende Beziehung:

$$\frac{i'_g - i'_u}{i'_g - i'_f} = \frac{y'_g - x'_1}{y'_g - x'_f}$$

Setzt man hierin für i'_u:

$$i'_u = i'_1 - q_B$$

so wird:

$$\frac{i'_g - i'_1 + q_B}{i'_g - i'_f} = \frac{y'_g - x'_1}{y'_g - x'_{f'}}$$

Diese Gleichung kann man noch umgruppieren und findet:

$$i'_g - \frac{y'_g - x'_1}{y'_g - x'_f}\,(i'_g - i'_f) = i'_1 - q_B \tag{95}$$

Diese Gleichung gilt für jeden Querschnittsstrahl des Strahlenbüschels mit dem Abtriebspol U als Büschelmittelpunkt. Sie stimmt überein mit Gl. (274) in der Thermodynamik von Bošnjaković [32].

e) Die kombinierte Verstärkungs- und Abtriebssäule der kontinuierlichen Destillation

α) **Die Hauptgerade.** Bei der kombinierten Verstärkungs- und Abtriebssäule der kontinuierlich arbeitenden Rektifizieranlage für Zweistoffgemische sind im Mollierschen i-x-Diagramm sowohl *oben* der Verstärkungspol D als auch *unten* der Abtriebspol U vorhanden. Die der Anlage zugeführte Flüssigkeitsmenge F'_m des Zweistoffgemisches wird in das oben hinter der Verstärkungssäule am Rücklaufkondensator entnommene, *an Leichtsiedendem sehr reiche* Fertigdestillaterzeugnis D (kg/h) (Pol D) und in die unten hinter der Abtriebssäule am Ablaufkühler entnommene, *an Schwersiedendem sehr reiche* Ablaufflüssigkeit F_1' (kg/h) (Pol F_1') zerlegt. Zwischen den 3 Größen F_m', D und F_1' besteht also die Bilanzgleichung:

$$F_m' = D + F_1'$$

Man kann sich nun im Verstärkungspol D die Fertigdestillatmenge D (kg/h) und in dem Abtriebspol U die Ablaufflüssigkeit F_1' (kg/h) angebracht denken und nach der Lage des Massenmittelpunktes F fragen, in dem die Summe der beiden Massen $D + F_1' = F_m'$ angreift. Man erkennt sofort, daß die Bestimmung der Lage dieses Massenmittelpunktes nichts anderes darstellt als die Berechnung der Schwerpunktslage der beiden Massen D und F_1'.

In Abb. 33 ist nun diese Betrachtung unter Verwendung von Vektoren durchgeführt, weil diese Art der Behandlung wohl am anschaulichsten die Verhältnisse klärt. Man zieht vom Ursprung O nach dem Verstärkungspol D den Radiusvektor $\mathfrak{r}_2$ mit Pfeil von O nach D, nach dem Abtriebspol U den Radiusvektor $\mathfrak{r}_1$

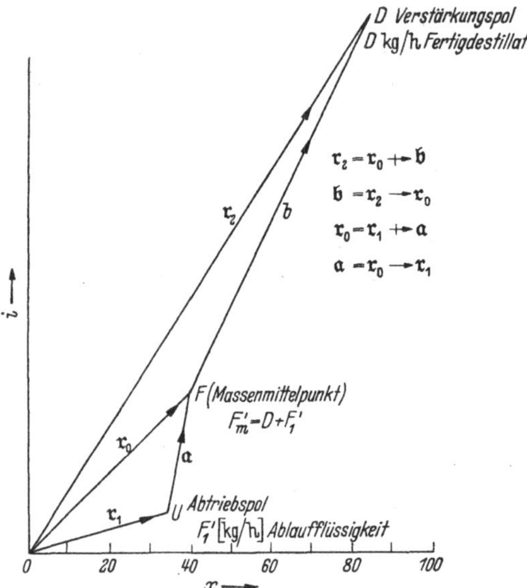

Abb. 33. Erklärungsskizze zum Beweise, daß U, F, D in einer Geraden liegen

mit Pfeil von O nach U und nach dem gemeinsamen Massenmittelpunkt F den Radiusvektor $\mathfrak{r}_0$ mit Pfeil von O nach F. Nach der Lehre vom Schwerpunkt gilt dann:

$$(D + F_1')\,\mathfrak{r}_0 = F_1'\,\mathfrak{r}_1 + D\,\mathfrak{r}_2$$

oder:

$$D(\mathfrak{r}_2 \to \mathfrak{r}_0) = F_1'(\mathfrak{r}_0 \to \mathfrak{r}_1)$$

$$D\,\mathfrak{b} = F_1'\,\mathfrak{a}$$

Aus dieser Beziehung folgt, daß die Strecken $\mathfrak{a}$ und $\mathfrak{b}$ gleichgerichtet sind. Dies ist aber nur dann möglich, wenn F_m' auf der Geraden $F_1'D$ liegt. Der Massenmittelpunkt F teilt die Verbindungsgerade $\overline{DU}$ im Verhältnis a/b:

$$\frac{a}{b} = \frac{D}{F_1'} \tag{96}$$

Diese Gerade soll nach Bošnjaković [33] „Hauptgerade" heißen.

In Abb. 34 ist die durch die 3 Punkte U, F und D gehende Hauptgerade dargestellt. An ihr sollen noch einige wichtige Beziehungen gezeigt werden. Aus der Ähnlichkeit der beiden Dreiecke DFL und FUN, die durch die Geradlinigkeit von UFD begründet ist, folgt:

$$\frac{DL}{LF} = \frac{FN}{UN}$$

Aus Abb. 34 liest man ab:

$$DL = (i_g + q_R) - i_f$$
$$LF = x_g - x_f$$
$$FN = i_f - i_u' = i_f - (i_1' - q_B)$$
$$UN = x_f - x_1'$$

Setzt man diese Werte ein, so wird:

$$\frac{(i_g + q_R) - i_f}{x_g - x_f} = \frac{i_f - (i_1' - q_B)}{x_f - x_1'} \tag{97}$$

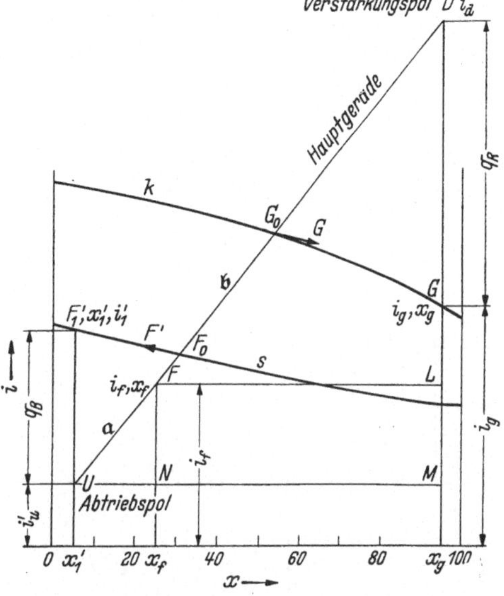

Abb. 34. Die Hauptaufgabe bei der kontinuierlichen Destillation

Wenn der von D ausgehende Querschnittsstrahl DG_0 der Verstärkungssäule und der von U ausgehende Querschnittsstrahl UF_0 der Abtriebssäule in die gleiche Gerade, nämlich in die Hauptgerade, fallen, so bedeutet dies, daß der oberste Querschnitt der Abtriebssäule zugleich der unterste Querschnitt der Verstärkungssäule ist. Ferner bedeutet dies, daß in diesem Querschnitt die Mischung F_m', durch den Zustandspunkt F in Abb. 34 gekennzeichnet, eingeführt wird.

Der Zustand der aus F_m' und dem Rücklauf R aus der Verstärkungssäule entstehenden Summenmischung $(F_m' + R)$ liegt also auch auf der Hauptgeraden zwischen F und F_0. Für diesen Fall erhält die kontinuierliche Destillationssäule die geringste Zahl an Abtriebs- und Verstärkungsböden.

β) Beziehungen zwischen der McCabe-Thieleschen Darstellung und der im Mollierschen i-x-Diagramm. Im folgenden sollen die Beziehungen zwischen der McCabe-Thieleschen Darstellung und der im Mollierschen i-x-Diagramm an Hand der Abb. 35, 36 und 37 dargelegt werden. In das aus Verstärkungssäule und Abtriebssäule bestehende System (Abb. 35a) tritt die zu zerlegende Mischung F_m' ein und treten die beiden Ströme F_1' und D aus. F_1' ist der an Leichtsiedendem arme Ablauf und D das an Leichtsiedendem reiche Destillat. Man kann nun zur Förderung der Anschaulichkeit die Ströme F_1' und D sowie F_m' wie Kräfte an einem waagerechten Balken betrachten, der im vorliegenden Falle die Hauptgerade bedeutet. Bei dieser Betrachtungsweise sollen die aus dem Säulensystem *austretenden* Ströme F_1' und D als Kräfte mit Wirkrichtung nach *oben* und der in das System *eintretende* resultierende Strom F_m' als Kraft mit Wirkrichtung nach *unten* gezeichnet werden. Es gilt $F_m' = F_1' + D$. Die Angriffspunkte U, F, D haben die gleichen Bezeichnungen wie die Punkte der Hauptgeraden im $i - x$-Diagramm.

In Abb. 35 b ist die Abtriebssäule entfernt, und es wird die Verstärkungssäule allein betrachtet. Hier treten der Rücklaufstrom R und das Destillat D aus und die Gesamtdampfmenge G ein. Es ist $G = R + D$. R und D werden als Kräfte nach oben und G als Resultierende nach unten abgetragen.

In Abb. 35 c ist die Verstärkungssäule entfernt, und es wird die Abtriebssäule allein betrachtet. Hier treten der Ablauf F_1' und die Gesamtdampfmenge G aus und die beiden Ströme F_m' und R ein. Es ist $F_1' + G = F_m' + R$. Demnach werden F_1' und G als Kräfte nach *oben* und $F_m' + R$ als Resultierende nach *unten* abgetragen.

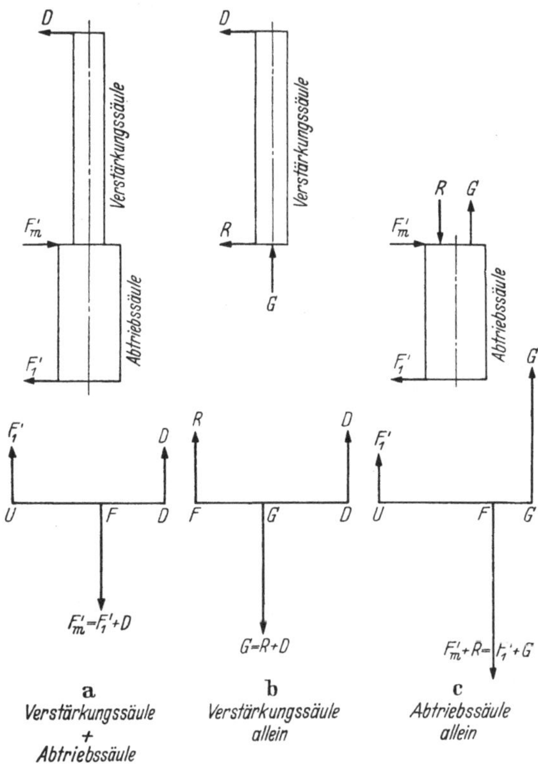

Abb. 35a—c. Mengenbilanzen der einzelnen Säulen und des ganzen Systems (austretende Ströme nach oben, eintretende nach unten)

In Abb. 36 sind nun in den 4 Angriffspunkten U, F, G und D der Hauptgeraden die sich aus den Abb. 35a, b und c ergebenden Kräfte eingetragen. Hierbei wirken die gestrichelt gezeichneten Kräfte R (Rücklauf) und G (Gesamtdampf) wie *innere* Kräfte des Systems, da sie sich gegenseitig aufheben. Im Angriffspunkt F ist R sowohl nach oben für den Austritt aus der Verstärkungssäule als auch nach unten für den Eintritt in die Abtriebssäule gezeichnet. Im Angriffspunkt G wird G als austretender Dampf aus der Abtriebssäule nach oben und als eintretender Dampf in die Verstärkungssäule nach unten aufgetragen.

Ähnlich wie in der Mechanik der starren Körper bei den Kräften wird in der Regel bei dem aus den beiden Säulen bestehenden System nur auf die äußeren Ströme D, F_1' und F_m' geachtet. Bei allen Ansätzen, die für das Gleichgewicht des ganzen Systems aufgestellt werden, z. B. $F_m' = F_1' + D$, kommen die inneren Ströme R und G, die den Zusammenhang des Ganzen aufrechterhalten, überhaupt nicht vor. Sobald man aber einen beliebig abgegrenzten Teil des Systems (etwa Abtriebssäule oder Verstärkungssäule)

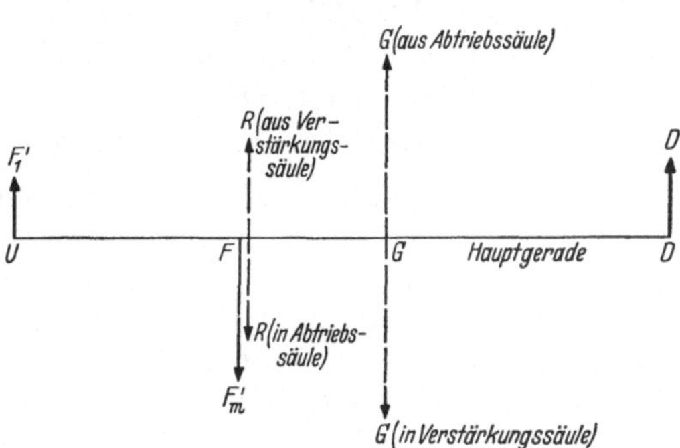

Abb. 36. Die in den Punkten der Hauptgeraden anzubringenden Ströme (ausgezogene Geraden F_1', F_m' und D *äußere* Ströme; gestrichelte R und G *innere* Ströme)

allein zum Gegenstand einer Untersuchung macht, muß man beachten, daß Ströme, die zwischen diesem Teil und dem Reste des Ganzen auftreten, wie etwa Rücklauf R oder Gesamtdampf G, für das Gesamtsystem zwar immer noch als *innere* Ströme, für jenen abgegrenzten Teil oder auch für den Rest aber als *äußere* Ströme aufzufassen sind. Man muß sich also, um die gewöhnlichen Bilanzgleichungen auf das Gleichgewicht eines Teiles des Ganzen anwenden zu können, vor allem darüber Klarheit verschaffen, von welcher Art die zwischen dem abgetrennten Teil und dem übrigbleibenden Rest wirkenden Ströme sein können.

Aus den Abb. 35 und 36 kann man nun schon einige wichtige Beziehungen ablesen: Aus Abb. 35 b folgt nach dem Hebelgesetz für das Gleichgewicht um den Pol G:

$$D \cdot \overline{GD} = R \cdot \overline{FG}$$

und

$$\frac{\overline{GD}}{\overline{FG}} = \frac{R}{D} = v = \text{Rücklaufverhältnis} \tag{98}$$

Aus Abb. 35 a folgt nach dem Hebelgesetz für das Gleichgewicht um den Pol U:

$$D \cdot \overline{DU} = F_m' \cdot \overline{FU}$$

und

$$\frac{\overline{DU}}{\overline{FU}} = \frac{F_m'}{D} = u = \text{Zulaufverhältnis} \tag{99}$$

Aus Gln. (98) und (99) kann man das Verhältnis $v : u$ bilden und erhält:

$$\frac{\overline{DG}}{\overline{GF}} : \frac{\overline{DU}}{\overline{FU}} = v : u = (D\,G\,F\,U) \tag{100}$$

Gl. (100) stellt also das „projektive Doppelverhältnis" der 4 Punkte D, G, F, U auf der Hauptgeraden in Abb. 36 dar. Die beiden Fundamentalpunkte F (Zuführung der Mischung) und D (Destillatabnahme) werden durch den Dampfpunkt G *innerlich* und durch den Abtriebspol U *äußerlich* getrennt. Die innerliche Trennung erfolgt im Rücklaufverhältnis $v = \overline{DG} : \overline{GF}$, die äußerliche Trennung im Zulaufverhältnis $u = \overline{DU} : \overline{FU}$. Die 4 Punkte der Hauptgeraden D, G, F, U sind im allgemeinen keine harmonischen Punkte. Sie werden nur dann harmonische Punkte, wenn zufällig $u = v$ wird.

Noch zwei weitere Beziehungen, die später verwendet werden, sollen hier abgeleitet werden.

Für die Abtriebssäule folgt aus Abb. 35 c:

$$\text{Pol } U: \quad G \cdot \overline{GU} = (F'_m + R) \cdot \overline{FU}$$

$$\frac{\overline{GU}}{\overline{FU}} = \frac{F'_m + R}{G} = \frac{F'_m + R}{D + R} = \frac{\dfrac{F'_m}{D} + \dfrac{R}{D}}{1 + \dfrac{R}{D}} = \frac{u + v}{1 + v} \tag{101}$$

Für die Abtriebssäule folgt ferner aus Abb. 35 c:

$$\text{Pol } F: \quad G \cdot \overline{FG} = F'_1 \cdot \overline{FU}$$

$$\frac{\overline{FG}}{\overline{FU}} = \frac{F'_1}{G} = \frac{F'_m - D}{R + D} = \frac{\dfrac{F'_m}{D} - 1}{\dfrac{R}{D} + 1} = \frac{u - 1}{v + 1} \tag{102}$$

An einem Beispiel soll nun die kontinuierliche Trennung eines Zweistoffgemisches in das leichtsiedende Destillat und den schwersiedenden Ablauf gezeigt werden und sollen insbesondere die projektiven und harmonischen Beziehungen der kombinierten Säulenanlage berücksichtigt werden. Zur Veranschaulichung der Verhältnisse ist in Abb. 37 das Schema einer solchen Rektifizieranlage gezeichnet. Sie besteht, wie bekannt [*34*], aus der Blase, der Abtriebssäule, der Verstärkungssäule, dem Rücklaufkondensator, dem Destillatkühler und dem Ablaufkühler. Das oben der Abtriebssäule zulaufende Gemisch F'_m besitze Siedetemperatur, die Trennung erfolge in das Destillat D und in den Ablauf F'_1. Es gilt demnach die Gleichung:

$$F'_m = D + F'_1$$

Dem aufsteigenden Gemischdampf G strömt in der Abtriebssäule die Flüssigkeitsmenge $(F'_m + R)$, in der Verstärkungssäule die Rücklaufmenge R entgegen. Das Rücklaufverhältnis ist $v = R : D$, das Zulaufverhältnis $u = F'_m : D$. Zur Vereinfachung der Darstellung ist angenommen worden, daß die Verdampfungsenthalpien der beiden Komponenten des Zweistoffgemisches gleich sind, so daß auch die Verdampfungsenthalpien aller Gemische über den gesamten Konzentrationsbereich konstant sind.

In der Abb. 38 sind die beiden am häufigsten in der Praxis benutzten Darstellungen, das McCabe-Thiele-Diagramm und das Molliersche i-x-Diagramm, herausgezeichnet. Die Gleichgewichtskurve, Dampfzusammensetzung y in Abhängigkeit von der Flüssigkeitszusammensetzung x, werde als gleichseitige Hyperbel des Idealgemisches mit

$$y = \frac{3x}{1 + 2x}$$

angenommen. Die Kondensationskurve und die Siedekurve werden im i-x-Diagramm zwecks vereinfachter Darstellung als zwei parallele Geraden k und s gezeichnet. Die mit Siedetemperatur zulaufende Mischung F'_m besitze die Flüssigkeitszusammensetzung $x_m = 35\%$ Leichtsiedendes, das Fertigdestillat D enthalte $x_d = 95\%$ Leichtsiedendes und der unten die Apparatur verlassende Ablauf F'_1 habe

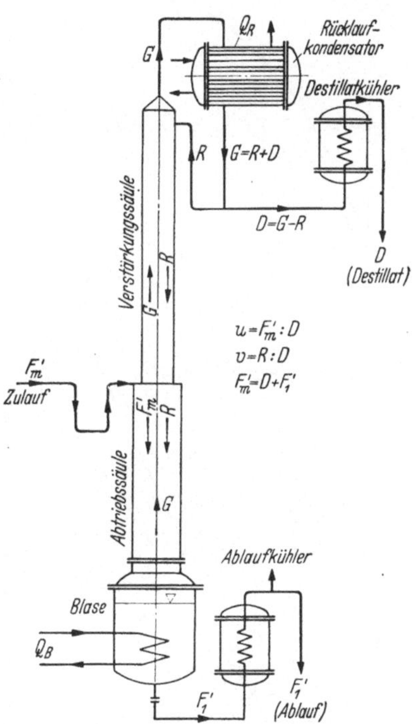

Abb. 37. Schema zur kontinuierlichen Destillationsanlage

$x'_1 = 5\%$ Leichtsiedendes. Es ist nun wichtig, für die gegebenen Verhältnisse die Hauptgerade mit den 4 Punkten D, G, F, U gemäß Abbildung 36 zu finden. Selbstverständlich muß die Hauptgerade durch den Punkt F_1 $(x = 35\%)$ der Siedekurve gehen. Würde man für den Dampfpunkt G den mit der Flüssigkeit F_1 im Gleichgewicht stehenden Dampfpunkt G_1 auf der Kondensationskurve wählen, so erhielte man durch Verlängerung von $F_1 G_1$ über G_1 hinaus bis zum Schnitt mit der $(x_d = 95\%)$-Destillationsordinate den Verstärkungspol D_1 und durch Verlängerung von $G_1 F_1$ über F_1 hinaus bis zum Schnitt mit der Ablaufordinate $(x'_1 = 5\%)$ den Abtriebspol U_1. Die Hauptgerade wäre dann im i-x-Diagramm $D_1 G_1 F_1 U_1$. Im McCabe-Thiele-Diagramm entsprechen der einen Hauptgeraden zwei Geraden, nämlich die Rücklaufgerade DG_1 der Verstärkungssäule und die Zulaufgerade G_1U der Abtriebssäule. Würde man in üblicher Weise [35] zwischen Rücklaufgerade und Gleichgewichtskurve die Verstärkungstreppe (von D ausgehend) eintragen, so würde im Punkt G_1 die Verstärkung O herrschen. Im unteren i-x-Diagramm aber fiele die Hauptgerade $D_1G_1F_1U_1$ in die Isotherme F_1G_1. Da in diesem Fall kein treibendes Temperaturgefälle mehr besteht, kann nach dem zweiten Hauptsatz kein Austausch mehr stattfinden.

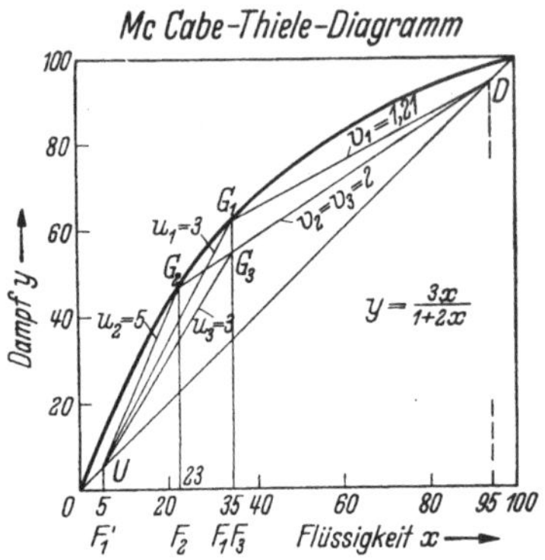

Für die Hauptgerade $D_1G_1F_1U_1$ ist:

$$v_1 = \frac{D_1G_1}{G_1F_1} = 1{,}15$$

$$u_1 = \frac{D_1U_1}{F_1U_1} = 3$$

Damit der Wärme- und Stoffaustausch nicht zum Erliegen kommt, muß v größer als $v_1 = 1{,}15$ ausgeführt werden. In Abb. 38 ist nun willkürlich $v_2 = 2$ gewählt worden. Die Rücklaufgerade $v_2 = 2$ schneidet im oberen Diagramm die Gleichgewichtskurve in G_2. Aus der Zeichnung liest man für G_2 ab: $x_2 = 23\%$, $y_2 = 47\%$. Mit diesen Werten findet man im unteren i-x-Diagramm die Isotherme F_2G_2 und die beiden Pole D_2 und U_2, so daß die Hauptgerade $D_2G_2F_2U_2$ bestimmt ist. Man findet aus der Abbildung:

$$v_2 = \frac{D_2G_2}{G_2F_2} = 2$$

$$u_2 = \frac{D_2U_2}{F_2U_2} = 5$$

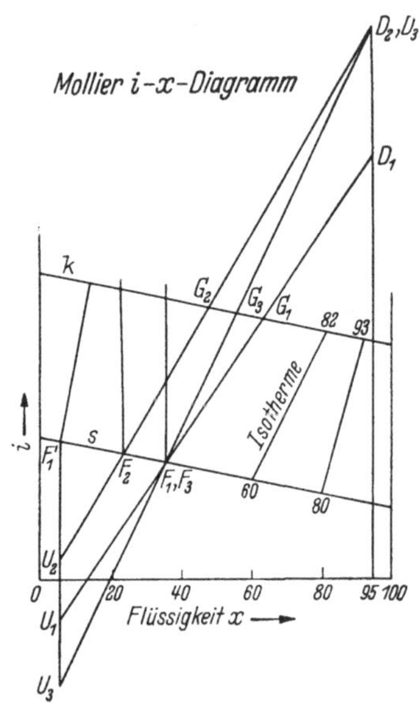

Abb. 38. Beziehungen zwischen der McCabe-Thieleschen Darstellung und der im Mollierschen i-x-Diagramm

Entsprechend dem größeren Rücklaufverhältnis liegt D_2 oberhalb von D_1 und infolge des größeren Zulaufverhältnisses liegt U_2 oberhalb von U_1. Für eine durch den gegebenen Punkt F_1 ($x_1 = 35\%$) und den Verstärkungspol D_2 gezogene Hauptgerade $D_2G_3F_1U_3$ muß sein:

$$v_3 = \frac{D_2G_3}{G_3F_1} = \frac{D_2G_2}{G_2F_2} = v_2 = 2$$

Dies folgt aus der Parallelität von k und s, weil dadurch $G_2 G_3$ parallel $F_2 F_1$ ist. Die Hauptgerade $D_3 G_3 F_1 U_3$ fällt nun nicht mehr mit einer Isothermen zusammen, so daß der Wärme- und Stoffaustausch auch von der Verstärkungssäule zur Abtriebssäule weitergeht. Im McCABE-THIELE-Diagramm liegt G_3 nun ebenfalls nicht auf der Gleichgewichtskurve, so daß die Verstärkungstreppe zwischen der Verstärkungsgeraden und der Gleichgewichtskurve über G_3 hinaus in die Abtriebssäule fortgesetzt werden kann. Aus der Hauptgeraden $D_3 G_3 F_3 U_3$ folgt nun:

$$v_3 = \frac{D_3 G_3}{G_3 F_3} = 2 \qquad (F_3 = F_1)$$

$$u_3 = \frac{D_3 U_3}{F_3 U_3} = 3$$

Es ist kein Zufall, daß $u_3 = u_1 = 3$ ist. Man erkennt dies sofort aus Abb. 38: Weil $D_1 G_1 F_1 U_1$ und $D_3 G_3 F_1 U_3$ beide durch F_1 gehen, sind die beiden Dreiecke $D_3 F_1 D_1$ und $U_3 F_1 U_1$ ähnlich. Daraus folgt aber:

$$\frac{D_1 F_1}{F_1 U_1} = \frac{D_3 F_1}{F_1 U_3}$$

oder:

$$\frac{D_1 U_1 - F_1 U_1}{F_1 U_1} = \frac{D_3 U_3 - F_1 U_3}{F_1 U_3}$$

Somit wird:

$$u_1 = \frac{D_1 U_1}{F_1 U_1} = \frac{D_3 U_3}{F_1 U_3} = u_3$$

Nach Gl. (100) ergibt sich:

$$\frac{D_3 G_3}{G_3 F_3} : \frac{D_3 U_3}{F_3 U_3} = \frac{v_3}{u_3} = (D_3 G_3 F_3 U_3)$$

Im vorliegenden Fall ist das „projektive Doppelverhältnis"

$$v_3 : u_3 = 2 : 3$$

Die 4 Punkte D_3, G_3, F_3, U_3 sind also hier keine harmonischen. $v_3/u_3 = 2 : 3$ stellt aber eine dimensionslose Kenngröße einer kontinuierlich arbeitenden Destillieranlage dar. Da $v = R/D$ und $u = F'_m/D$ ist, so ist auch:

$$\frac{v}{u} = \frac{R}{F'_m} = \frac{\text{Rücklaufmenge}}{\text{zulaufende Flüssigkeitsmenge}} \qquad (103)$$

Eine „harmonische Anlage" ist also in diesem Sinne eine Anlage, bei der die „zulaufende Flüssigkeitsmenge" gleich ist der „Rücklaufmenge".

Von besonderem Interesse ist noch nach Gl. (101) das Streckenverhältnis:

$$\frac{\overline{G U}}{\overline{F U}} = \frac{u + v}{1 + v}$$

Nun ist:

$$\frac{\overline{G\,U}}{\overline{F\,U}} = \frac{y_m - x_a}{x_m - x_a}$$

wenn man die Flüssigkeitszusammensetzung der zulaufenden Mischung mit x_m und die Dampfzusammensetzung mit y_m, ferner die Zusammensetzung des Ablaufes mit x_a bezeichnet. Aus obiger Beziehung folgt:

$$\frac{y_m - x_a}{x_m - x_a} = \frac{u + v}{1 + v}$$

Nach einfacher Umordnung erhält man hieraus:

$$y_m = \frac{u + v}{1 + v}\, x_m - x_a \frac{u - 1}{v + 1}$$

Diese Gleichung gilt für den Büschelstrahl $U_3\,F_1\,G_3$ mit der Dampfzusammensetzung y_m und der Flüssigkeitszusammensetzung x_m in dem durch $U_3\,F_1\,G_3$ dargestellten Querschnitt der Abtriebssäule. Da die Kondensationskurve k und die Siedekurve s als gerade Linien parallel sind, gilt für alle vom Abtriebspol U_3 ausgehenden Büschelstrahlen mit Dampfzusammensetzung y und zugehöriger Flüssigkeitszusammensetzung x in dem durch $U_3\,F\,G$ dargestellten Querschnitt der Abtriebssäule:

$$\frac{\overline{G\,U_3}}{\overline{F\,U_3}} = \frac{u + v}{1 + v} = \frac{y - x_a}{x - x_a} \tag{104a}$$

Hieraus erhält man dann:

$$y = \frac{u + v}{1 + v}\, x - x_a \frac{u - 1}{v + 1} \tag{104b}$$

Gl. (104a) ist die Gleichung für das Strahlenbüschel mit dem Abtriebspol U_3 als Zentrum. Gl. (104b) ist die Gleichung der Zulaufgeraden $G_3\,U$ im McCabe-Thiele-Diagramm. $(u + v)/(1 + v)$ stellt im Strahlenbüschel des i-x-Diagramms das konstante Verhältnis $\overline{G\,U_3}/\overline{F\,U_3}$ dar, im McCabe-Thiele-Diagramm die Neigung der Zulaufgeraden $\overline{G_3\,U}$ gegen die x-Achse. Die *Punkte* der Geraden im McCabe-Thiele-Diagramm werden durch *Strahlen* des Büschels im i-x-Diagramm abgebildet. Ebenso werden die *Punkte* der Verstärkungsgeraden im McCabe-Thiele-Diagramm durch *Strahlen* des Strahlenbüschels mit dem Verstärkungspol D als Zentrum abgebildet. Für diese Darstellung gilt dann:

$$\frac{\overline{G\,D_3}}{\overline{F\,D_3}} = \frac{v}{v + 1} = \frac{x_d - y}{x_d - x} \tag{105a}$$

Hieraus findet man die Gleichung für die Verstärkungsgerade im McCabe-Thiele-Diagramm:

$$y = \frac{v}{v + 1}\, x + \frac{x_d}{v + 1} \tag{105b}$$

Gl. (105 b) geht aus Gl. (104 b) hervor, wenn man $u = 0$ und $x_a = x_d$ setzt.

Die hier zwischen den beiden Darstellungen im McCabe-Thiele-Diagramm und im i-x-Diagramm auftretenden gegenseitigen Beziehungen, daß einem Punkt in einer Punktreihe (z. B. Verstärkungs oder Abtriebsgerade) ein Strahl in einem Strahlenbüschel (z. B. Querschnittsstrahlenbüschel mit Verstärkungspol oder Abtriebspol als Büschelzentrum) entspricht, ist ein ganz allgemeines Prinzip der Geometrie der Lage und wird das „Prinzip der Dualität oder Reziprozität" [36] genannt. Es erleichtert viele Betrachtungen über die Lage von Geraden und Punkten und gestattet an vielen Stellen dadurch ein tieferes Eindringen in das Naturgeschehen. In unserem Fall kann also die McCabe-Thielesche Darstellung als ein „duales oder reziprokes Abbild" der Darstellung im Mollierschen i-x-Diagramm bezeichnet werden.

Zur Erklärung des Wärme- und Stoffaustausches in dem durch die Hauptgerade $\overline{U_3 D_3}$ gekennzeichneten Übergangsquerschnitt zwischen der Verstärkungs- und Abtriebssäule sind in Abb. 39 die in Frage kommenden Querschnittsgeraden aus Abb. 38 über-

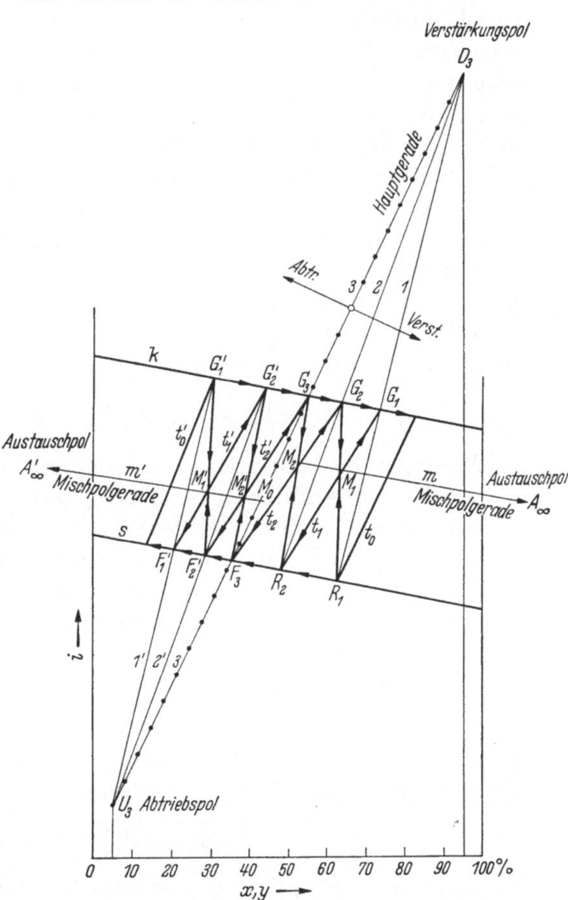

Abb. 39. Wärme- und Stoffaustausch bei der kontinuierlichen Destillationsanlage

nommen. Da in der Abtriebssäule die aus zulaufender Mischung F_m' und Rücklauf R bestehende Flüssigkeitsmenge größer als die ihr entgegenströmende Dampfmenge G' ist, liegt die die Mischpole M_0, M_2', M_1' verbindende Mischpolgerade m' der Abtriebssäule näher an der Siedekurve s. Für die Verstärkungssäule liegt, weil die Dampfmenge G größer als die ihr entgegenlaufende Rücklaufmenge R ist, die Mischpolgerade m näher an der Kondensationskurve k. Die Mischpolgerade m' der Abtriebssäule schneidet die Hauptgerade in M_0. Der Schnittpunkt der Mischpolgeraden m der Verstärkungssäule hat für die Hauptgerade keine Bedeutung, da ja nach Voraussetzung die zulaufende Mischung F'_m in den durch die Hauptgerade dargestellten Übergangsquerschnitt eintritt. Sowohl bei den Querschnittsstrahlen der Abtriebssäule mit Büschelmittelpunkt U_3 als auch bei denen der Verstärkungssäule mit Büschelmittelpunkt D_3 treten die charakteristischen vollständigen Vierecke auf. Das von der Kondensationsgeraden k, der Siedegeraden s und den beiden Querschnittsgeraden $1'$ und $2'$ gebildete Viereck $G'_1 G'_2 F'_2 F'_1$ besitzt als Nebeneckpunkte den Abtriebspol U_3, den Mischpol M'_1 und im Unendlichen den Austauschpol A'_∞. In den Querschnitt $1'$ tritt die Dampfmenge G bei G'_1 ein, in den Querschnitt $2'$ tritt die Flüssigkeit $(F'_m + R)$ bei F'_2 ein. Der Dampf von der Temperatur t'_0 kondensiert teilweise infolge des Temperaturabfalles $(t_0 - t'_1)$ entlang der Diagonalen $G'_1 M'_1$. Die frei werdende Wärme dient dazu, einen Teil der Flüssigkeit $(F'_m + R)$ zu verdampfen und von t'_2 auf t'_1 zu erwärmen. Die Wärme- und Stoffbilanz folgt aus dem Hebelgesetz:

$$(F'_m + R) \cdot \overline{F'_2 M'_1} = G \cdot \overline{G'_1 M'_1}$$

Im Mischpol M'_1 befindet sich zu Beginn des Austausches die Menge $(F'_m + R + G)$. Auf der Isothermen t'_1 zerfällt dies Flüssigkeits-Dampf-Gemisch in den an Leichtsiedendem reicheren Dampf G im Zustandspunkt G'_2 und in die an Leichtsiedendem ärmere Flüssigkeit $(F'_m + R)$ im Zustandspunkt F'_1. Hierbei verdampft also ein Teil des in M'_1 sich befindenden Dampf-Flüssigkeits-Gemisches $[(F'_m + R) + G]$ auf dem Wege $M'_1 G'_2$ isothermisch und kondensiert ein Teil des Gemisches auf dem Wege $M'_1 F'_1$ isothermisch. Die Verdampfung geht auf Kosten der Kondensation. Die beiden Verdampfungswege $\overline{F'_2 M'_1}$ und $\overline{M'_1 G'_2}$ ergeben in geometrischer Addition den resultierenden Weg $\overline{F'_2 G'_2}$ im Querschnitt $2'$ gemäß der Gleichung:

$$\overline{F'_2 M'_1} \rightsquigarrow \overline{M'_1 G'_2} = \overline{F'_2 G'_2}$$

Diese beiden Verdampfungswege zwischen den Querschnitten $1'$ und $2'$, die zu dem resultierenden Vektor $\overline{F'_2 G'_2}$ führen, gehen in dem zwischen den Querschnitten $2'$ und 3 liegenden Destillationsraum der Abtriebssäule in die beiden Kondensationswege $\overline{G'_2 M'_2}$ und $\overline{M'_2 F'_2}$ über. Die hierfür gültige Gleichung lautet:

$$\overline{G'_2 M'_2} \rightsquigarrow \overline{M'_2 F'_2} = \overline{G'_2 F'_2}$$

Der Vektor $\overline{G'_2 F'_2}$ hat hier die entgegengesetzte Richtung desselben Vektors in voriger Gleichung. Dies ist der Ausdruck dafür, daß die

Verdampfungsvorgänge links von $2'$ gerade den Kondensationsvorgängen rechts von $2'$ das Gleichgewicht halten. Es ist demnach:

$$\overline{F_2' M_1'} \rightarrow \overline{M_1' G_2'} \rightarrow \overline{G_2' M_2'} \rightarrow \overline{M_2' F_2'} = 0$$

Auch für die Hauptgerade $\overline{F_3' G_3'}$ gilt die der letzten ähnliche Gleichung:

$$\overline{F_3 M_2'} \rightarrow \overline{M_2' G_3} \rightarrow \overline{G_3 M_2} \rightarrow \overline{M_2 F_3} = 0$$

Weil jedoch in der Hauptgeraden als Querschnittsgerade der Übergang von der Abtriebssäule in die Verstärkungssäule vonstatten geht, müssen sich die beiden Kondensationsvorgänge in dem Nachbarraum $(3 - 2)$ oberhalb der Abtriebssäule in dem im Diagramm näher an der Kondensationsgeraden k liegenden Mischpol M_2 der Verstärkungssäule aneinanderfügen. Der Mischungssprung von M_0 nach M_2 ist begründet durch die in dem Übergangsquerschnitt von außen zugeführte Mischung F_m'. Durch die Zuschaltung dieser strömenden Menge wird die Mischpolgerade m plötzlich in m' und der Verstärkungspol D_3 plötzlich in den Abtriebspol U_3 verwandelt. Rechts von der Hauptgeraden in der Verstärkungssäule braucht vom Dampf G (Zustand G_3) weniger zu kondensieren als links von der Hauptgeraden in der Abtriebssäule (Zustand G_2'), weil in der Verstärkungssäule (Zustand R_2) weniger Flüssigkeit (nur Rücklauf) als in der Abtriebssäule [(Zustand F_3), Flüssigkeitsmenge $(R + F_m')$] verdampft werden muß.

γ) **Aufgaben. 20. Aufgabe.** Erkläre die physikalische Bedeutung der Gleichgewichtskurve eines idealen Zweistoffgemisches bei konstantem Druck, wie sie im McCabe-Thiele-Diagramm allgemein benutzt wird, entwickle eine einfache zeichnerische Darstellung auf projektiver Grundlage und erörtere die mathematische Kurve $y = f(x)$.

Lösung. Die bei der Berechnung von kontinuierlich und diskontinuierlich arbeitenden Rektifizieranlagen nach der McCabe-Thieleschen Methode allgemein verwendeten Gleichgewichtskurven für Zweistoffgemische stellen die Abhängigkeit des Gehaltes an Leichtsiedendem y im Dampf von dem Gehalt an Leichtsiedendem x in der Flüssigkeit dar. In vielen Fällen der Praxis darf mit einem *idealen* Zweistoffgemisch gerechnet werden, in manchen ist es zweckmäßig, das Idealgemisch zum Vergleich mit einem sich nicht ideal verhaltenden Gemisch heranzuziehen, oft dient auch eine Berechnung mittels der idealen Gleichgewichtskurve zur ungefähren Beurteilung einer Anlage. Deshalb ist es wohl berechtigt, hier die Gleichgewichtskurve eines idealen Zweistoffgemisches ausführlich zu besprechen. Bei allen Destillationsvorgängen hat einesteils das Verhältnis des Leichsiedenden y zum Schwersiedenden $(1 - y)$ im Dampf, andernteils das Verhältnis des Leichtsiedenden x zum Schwersiedenden $(1 - x)$ in der Flüssigkeit eine wichtige Bedeutung. Somit können beim Dampf die Gehalte an Leichtsiedendem und Schwersiedendem durch das *Dampfverhältnis* $y/(1-y)$ und bei der Flüssigkeit durch das *Flüssigkeitsverhältnis* $x/(1-x)$ festgelegt werden. Die Kennzeichnung der Dampfzusammensetzungen zu den Flüssigkeitszusammensetzungen im Gleichgewichtszustand erfolgt dann aber durch das

$$\text{,,Doppelverhältnis``}\quad \alpha = \frac{\dfrac{y}{1-y}}{\dfrac{x}{1-x}} \tag{106}$$

α stellt demnach das Doppelverhältnis des bei einem bestimmten konstanten Druck vorhandenen *Dampfverhältnisses* zum *Flüssigkeitsverhältnis* im Gleichgewichtszustand dar. Ist $\alpha = 1$, so ist $y = x$, d. h. der Gehalt an Leichtsiedendem im Dampf ist genau so groß wie der in der Flüssigkeit. Ist jedoch $\alpha > 1$, so ist das Dampfverhältnis größer als das Flüssigkeitsverhältnis, der Gehalt an Leichtsiedendem im Dampf y ist größer als der in der Flüssigkeit x, die Trennung des Zweistoffgemisches in seine beiden Komponenten erfolgt leicht. Man hat α deshalb auch den ,,Trennfaktor`` genannt. Ist nun α über den ganzen Konzentrationsbereich konstant, so liegt das *ideale Zweistoffgemisch* vor, das in dieser Aufgabe ausführlich behandelt werden soll.

Die zeichnerische Darstellung auf projektiver Grundlage ist in Abb. 40 durchgeführt. Von der Gleichgewichtskurve sind zunächst gegeben der Punkt A ($x = 0$, $y = 0$) und der Punkt C ($x = 1$, $y = 1$). Außerdem muß noch ein Punkt, in der Abbildung Punkt B mit der Abszisse $x_B = A B_1$ und der Ordinate $y_B = A B_2$, zur Konstruktion gegeben sein. Durch jeden Punkt der Kurve gehen zwei zueinander senkrechte Strahlen, die auf der Abszissenachse den Wert x und auf der Ordinatenachse den Wert y abschneiden. Zum Beispiel geht durch den Punkt B der Strahl b_2, der $y_B = A B_2$ auf der Ordinatenachse abschneidet, und der zu b_2 senkrechte Strahl b_1, der auf der Abszissenachse $x_B = A B_1$ abschneidet. Durch den Anfangspunkt A, der auch der Gleichgewichtskurve angehört, gehen die zueinander senkrechten Strahlen a_1 ($=$ Ordinatenachse) und a_2 ($=$ Abszissenachse). Durch den ebenfalls der Gleichgewichtskurve angehörenden Punkt C laufen die zueinander senkrechten Strahlen c_1 und c_2. Die Punkte der Kurve sind also Schnittpunkte entsprechender Strahlen zweier Parallelstrahlenbüschel, deren Strahlen senkrecht zueinander stehen. Mit anderen Worten heißt dies auch, daß die Büschelmittelpunkte $S_{2\infty}$ und $S_{1\infty}$ im Unendlichen liegen. Die nach diesen Punkten zeigenden Richtungen s_2 und s_1 sind parallel den Koordinatenachsen. Die beiden unendlich fernen Punkte $S_{1\infty}$ und $S_{2\infty}$ gehören als Büschelmittelpunkte ebenfalls der Kurve an. Die Punkte selbst sind zwar nicht gegeben, aber die nach ihnen zeigenden Richtungen s_1 und s_2. Da der Kurve die beiden unendlich fernen Punkte $S_{1\infty}$ und $S_{2\infty}$ angehören, muß die Kurve eine Hyperbel sein, und die Richtungen s_1 und s_2 bezeichnen die Richtungen der Asymptoten. Da ferner die Richtungen der Asymptoten aufeinander senkrecht stehen, muß die Hyperbel eine „gleichseitige" sein. Durch die gegebenen Punkte A, B, C sind nun den 3 Strahlen a_1, b_1, c_1 des Büschels $S_{1\infty}$ als entsprechende im Büschel $S_{2\infty}$ die

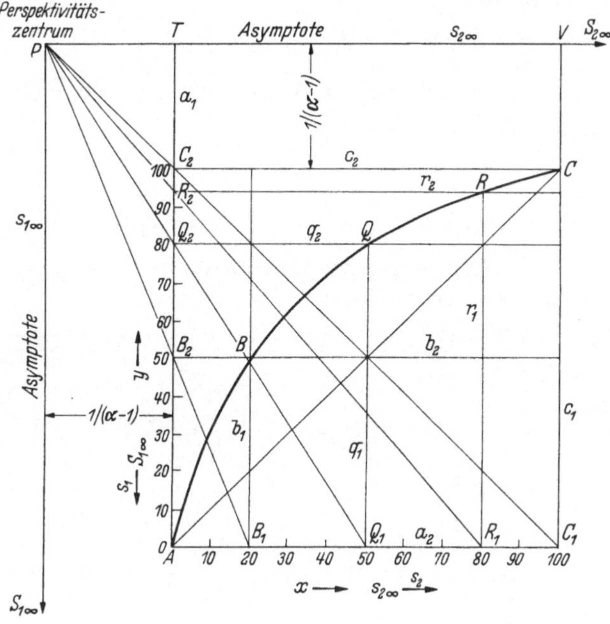

Abb. 40. Gleichgewichtskurve des Idealgemisches. Trennfaktor (Doppelverhältnis) $\alpha = \dfrac{\dfrac{y}{1-y}}{\dfrac{x}{1-x}}$
(zu Aufgabe 20)

Strahlen a_2, b_2, c_2 zugeordnet. Das sogenannte „Zentrum P der Perspektivität" erhält man als Schnitt von $B_1 B_2$ mit $C_1 C_2$. Es muß naturgemäß auf der Diagonalen liegen. Will man nun einen neuen Punkt der Kurve, etwa Q, konstruieren, so hat man nur zu irgendeinem Strahl q_1 den entsprechenden q_2 zu suchen. Der Schnittpunkt von q_1 und q_2 ist dann der Punkt Q der Hyperbel. Die durch P parallel zu s_2 und s_1 gezogenen Geraden sind die Asymptoten $s_{2\infty}$ und $s_{1\infty}$ der gleichseitigen Hyperbel. Beide Punktreihen, die Ordinatenachse a_1 und die Abszissenachse a_2, werden also als Schnitte des Strahlenbüschels mit dem Mittelpunkt P, dem „Zentrum der Perspektivität", in perspektive Lage gebracht. Aus diesen reinen *Lagebeziehungen* kann man neue Erkenntnisse für das Doppelverhältnis α ableiten. Zu diesem Zwecke müssen dann noch die bisherigen Entwicklungen der „Geometrie der Lage", die von dem Begriff des Maßes keinen Gebrauch machen, durch die „Geometrie des Maßes" ergänzt werden. Insbesondere ist die Lage des Punktes P durch die Maßzahl α des Doppelverhältnisses auszudrücken. Dies geschieht in einfacher Weise dadurch, daß P als Schnittpunkt der beiden Geraden $B_1 B_2$ und $C_1 C_2$ in Abb. 40b errechnet wird. Bezeichnet man hierbei die unabhängige Veränderliche mit ξ und die abhängige mit η, so erhält man

$$\text{die Gleichung für } C_1 C_2\colon \quad \eta = 1 - \xi$$

$$\text{die Gleichung für } B_1 B_2\colon \quad \eta = -\frac{y}{x}\,\xi + y$$

Hieraus findet man als Abszisse für P:

$$\xi = -\frac{(1-y)\,x}{y-x} = -\frac{1}{\dfrac{y-x}{(1-y)\,x}}$$

Der Nenner $(y-x)/(1-y)\,x$ ist nun nichts anderes als $(\alpha-1)$, wie man sich leicht überzeugen kann:

$$\alpha - 1 = \frac{y(1-x)}{x(1-y)} - 1 = \frac{y(1-x) - x(1-y)}{(1-y)\,x} = \frac{y-x}{(1-y)\,x}$$

Somit wird:

$$\xi = PT = -\frac{1}{\alpha-1} = C_2 T$$

Die Strecke AT wird:

$$AT = AC_2 + C_2 T = 1 + \frac{1}{\alpha-1} = \frac{\alpha}{\alpha-1}$$

Ferner folgt aus der Ähnlichkeit der beiden Dreiecke $PC_2 T$ und $PC_1 V$:

$$\frac{PC_1}{PC_2} = \frac{VC_1}{TC_2} = \frac{AT}{C_2 T} = \frac{\dfrac{\alpha}{\alpha-1}}{\dfrac{1}{\alpha-1}} = \alpha$$

Aus der Ähnlichkeit der beiden Dreiecke $PC_2 T$ und $AC_2 C_1$ folgt:

$$\frac{PC_2}{C_1 C_2} = \frac{TC_2}{AC_2} = \frac{1}{\alpha-1}$$

$$PC_2 = \frac{C_1 C_2}{\alpha-1}$$

In Worten ausgedrückt besagt das gefundene Ergebnis: Das Zentrum P der Perspektivität ist zugleich der Mittelpunkt der gleichseitigen Hyperbel, welche die Gleichgewichtskurve des Ideal-Zweistoffgemisches darstellt, und liegt auf der verlängerten Diagonalen des Darstellungsquadrates. Das Verhältnis der Abstände des Punktes P von den Endpunkten C_1 und C_2 der Diagonalen stellt den charakteristischen Trennfaktor (oder Doppelverhältnis) α der Gleichgewichtskurve dar. Die vom

Zentrum P ausgehenden Strahlen schneiden auf der Ordinatenachse das Dampfverhältnis $y/(1 - y)$, auf der Abszissenachse das Flüssigkeitsverhältnis $x/(1 - x)$ aus. Als Grenzfälle für α sind zu bezeichnen $\alpha = 1$ und $\alpha = \infty$. Für $\alpha = 1$ wandert P ins Unendliche, die Hyperbel entartet in die gerade Linie AC. Für $\alpha = \infty$ fällt P in den Eckpunkt C_2 des Darstellungsquadrates, die Hyperbel entartet in die beiden Geraden AC_2 und C_2C. Je größer α, desto leichter die Trennung.

Aus Gl. (106) kann man mit Leichtigkeit die Gleichung der Hyperbel aufstellen:

$$y = \frac{\alpha\, x}{1 + (\alpha - 1)\, x}$$

Auch hieraus findet man für die Asymptote $s_{2\,\infty}$:

$$y = \frac{\alpha}{\dfrac{1}{x} + (\alpha - 1)}$$

y wird für $x = \infty$ zu:

$$y = \frac{\alpha}{\alpha - 1} = A\,T$$

Ferner wird:

$$x = - \frac{y}{(\alpha - 1)\,y - \alpha} = - \frac{1}{(\alpha - 1) - \dfrac{\alpha}{y}}$$

Für $y = -\infty$ wird:

$$x = - \frac{1}{\alpha - 1} = -P\,T$$

Die beiden Asymptoten verlaufen parallel zu den Koordinatenachsen im Abstand $1/(\alpha - 1)$ von den Seiten des Darstellungsquadrates.

21. Aufgabe. Zeige, daß die Neigung der Gleichgewichtskurve am Anfang ($x = 0$, $y = 0$) gleich dem Doppelverhältnis α und am Ende ($x = 1$, $y = 1$) gleich dem reziproken Wert $1/\alpha$ ist. Zeige am Einheitskreis das „Prinzip der reziproken Radien" für das Doppelverhältnis und erkläre den Zusammenhang mit den vier harmonischen Punkten.

Lösung. Bildet man den Differentialquotienten dy/dx für die Gleichgewichtskurve $y = \alpha\, x/[1 + (\alpha - 1)\,x]$, so erhält man die Neigung:

$$\frac{dy}{dx} = \frac{\alpha - (\alpha - 1)\,y}{1 + (\alpha - 1)\,x} = \frac{\dfrac{\alpha}{\alpha - 1} - y}{\dfrac{1}{\alpha - 1} + x}$$

Für $x = 0$ und $y = 0$ wird:

$$\left(\frac{dy}{dx}\right)_0 = \frac{\dfrac{\alpha}{\alpha - 1}}{\dfrac{1}{\alpha - 1}} = \alpha = \frac{P\,C_1}{P\,C_2} \quad \text{in Abb. 40}$$

Für $x = 1$ und $y = 1$ wird:

$$\left(\frac{dy}{dx}\right)_1 = \frac{\dfrac{\alpha}{\alpha-1}-1}{\dfrac{1}{\alpha-1}+1} = \frac{1}{\alpha} = \frac{PC_2}{PC_1} \quad \text{in Abb. 40}$$

In Abb. 41 ist das Prinzip der reziproken Radien beim Trennfaktor α näher erläutert. Der Einheitskreis ist der um O mit dem Radius $OA = r = 1$ beschriebene. Von O aus ist die Strecke $OD = \alpha$ abgetragen. Die von D an den Kreis gelegten Tangenten ergeben die Sehne s, die auf OC die Strecke $OB = 1/\alpha$ abschneidet. Die Punkte A, B, C, D sind vier harmonische Punkte. Der Punkt B teilt die Fundamentalstrecke AC innerlich in demselben Verhältnis $BC : AB = (\alpha - 1) : (\alpha + 1)$ wie der Punkt D äußerlich. Denn es ist auch $CD : AD = (\alpha - 1) : (\alpha + 1)$. Aus Abb. 41 kann man nun auch einige physikalische Schlüsse ziehen. Für $\alpha = \infty$ wandert D ins Unendliche und B nach O. Die Gleichgewichtskurve zerfällt in die beiden senkrechten Quadratseiten AC_2 und C_2C des Darstellungsquadrates in Abb. 40. Die Neigung der Kurventangente in A ist unendlich $(\alpha = \infty)$, die Neigung in C ist 0 $(1/\alpha = 1/\infty = 0)$. Für $\alpha = 1$ fallen D und B in Abb. 41 nach C. Die Gleichgewichtskurve hat sowohl im Punkt A als auch im Punkt C der Abb. 40 die Neigung $dy/dx = 1$, d. h. die Gleichgewichtskurve fällt mit der Diagonalen AC zusammen. Es kann keine Trennung der Komponenten mehr stattfinden. Man liest ferner aus den Abb. 40 und 41 ab, daß am Anfang (Punkt A) die Zunahme des Leichtsiedenden im Dampf zur Zunahme des Leichtsiedenden in der Flüssigkeit (dy/dx) erheblich größer als am Ende (Punkt C) ist. Es ist:

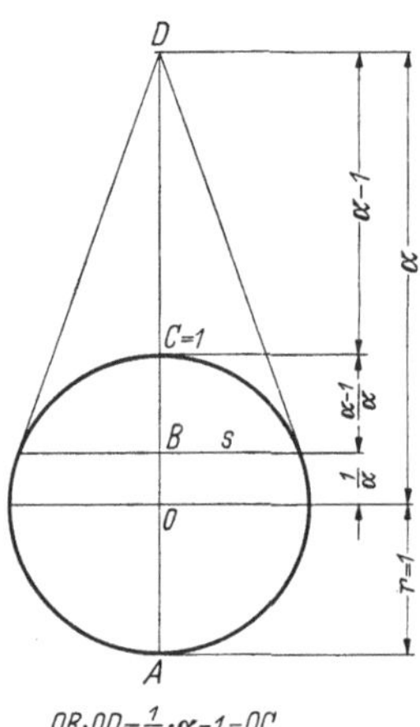

Abb. 41. Prinzip der reziproken Radien beim Trennfaktor α (21. Aufgabe)

$$\varphi = \frac{\left(\dfrac{dy}{dx}\right)_0}{\left(\dfrac{dy}{dx}\right)_1} = \frac{\alpha}{\dfrac{1}{\alpha}} = \alpha^2$$

Die Zunahme nimmt also mit dem Quadrat des Trennfaktors α ab. Destillationstechnisch heißt dies, daß bei großem α in den unteren Böden der Trennsäule schnell hohe Gehalte y an Leichtsiedendem im Dampf erzielt werden, daß aber in den oberen Böden die Anreicherung um so langsamer erfolgt, je größer α ist.

22. Aufgabe. Beweise, daß die Gleichgewichtskurve des idealen Zweistoffgemisches sowohl für die Zusammensetzungen im Maß des Molenbruches als auch für diejenigen im Maß des Gewichtsbruches gültig ist.

Lösung. Die Gleichgewichtskurve ist die zeichnerische Ausdrucksform des Doppelverhältnisses α, das zugleich ein Maß der Trennungsmöglichkeit darstellt und deshalb ja auch Trennfaktor heißt. Dieser ist, wie oben erläutert, das Verhältnis des Dampfverhältnisses $y/(1 - y)$ zum Flüssigkeitsverhältnis $x/(1 - x)$. Auf die Güte der Trennung und demnach auf die Größe α des Trennfaktors ist es jedoch einflußlos, ob das Dampfverhältnis zum Flüssigkeitsverhältnis im Gewichtsbruch oder im Molenbruch gemessen wird. Daher muß auch die Lage des Perspektivitätszentrums P in Abb. 40, die nur von $1/(\alpha - 1)$ abhängig ist, für den Molenbruch und den Gewichtsbruch die gleiche sein und die mit Hilfe der von P ausgehenden Büschelstrahlen konstruierte gleichseitige Hyperbel dieselbe sein.

Man kann dieses Ergebnis auch rein mathematisch darstellen. Dies soll hier noch geschehen, da vielen ein rein mathematischer Beweis strenger erscheint. Hierbei sollen die Molenbrüche mit x', y', die Gewichtsbrüche mit x, y bezeichnet werden. Das Molekulargewicht der leichtsiedenden Komponente werde mit M_1, das der schwersiedenden mit M_2 benannt. Dann bestehen, wie als bekannt vorausgesetzt werden darf, zwischen x' und x und zwischen y' und y die folgenden Beziehungen:

$$x' = \frac{\dfrac{x}{M_1}}{\dfrac{x}{M_1} + \dfrac{1 - x}{M_2}} \; ; \quad y' = \frac{\dfrac{y}{M_1}}{\dfrac{y}{M_1} + \dfrac{1 - y}{M_2}}$$

Bezeichnet man noch das Verhältnis der Molekulargewichte M_1 zu M_2 mit φ, also

$$\varphi = \frac{M_1}{M_2}$$

so findet man nach einfacher Umordnung:

$$x' = \frac{\dfrac{x}{1 - x}}{\dfrac{x}{1 - x} + \varphi} \; ; \quad 1 - x' = \frac{\varphi}{\dfrac{x}{1 - x} + \varphi}$$

$$y' = \frac{\dfrac{y}{1 - y}}{\dfrac{y}{1 - y} + \varphi} \; ; \quad 1 - y' = \frac{\varphi}{\dfrac{y}{1 - y} + \varphi}$$

Aus den letzten Formeln bildet man nun das Dampfverhältnis $y'/(1-y')$ und das Flüssigkeitsverhältnis $x'/(1-x')$:

$$\frac{y'}{1-y'} = \frac{\dfrac{y}{1-y}}{\varphi} \; ; \qquad \frac{x'}{1-x'} = \frac{\dfrac{x}{1-x}}{\varphi}$$

Somit findet man das Doppelverhältnis:

$$\frac{\dfrac{y'}{1-y'}}{\dfrac{x'}{1-x'}} = \frac{\dfrac{y}{1-y}}{\dfrac{x}{1-x}} = \alpha$$

Der Trennfaktor α und somit die Gleichgewichtskurve als gleichseitige Hyperbel sind in der Tat unabhängig von der Darstellung der Zusammensetzungen im Molenbruch oder Gewichtsbruch.

23. Aufgabe. Beweise, daß die Abhängigkeit des Gewichtsbruches x vom Molenbruch x' durch eine gleichseitige Hyperbel dargestellt werden kann und daß ähnlich wie beim Trennfaktor α auch hier ein Molekulargewichtsfaktor φ existiert, der diese Hyperbel durch ein Doppelverhältnis kennzeichnet.

Lösung. In der vorhergehenden Aufgabe wurde zwischen dem Gewichtsbruch x, dem Molenbruch x' und den beiden Molekulargewichten M_1 und M_2 sowie deren Verhältnis $\varphi = M_1 : M_2$ die Beziehung gefunden:

$$\frac{x'}{1-x'} = \frac{\dfrac{x}{1-x}}{\varphi}$$

oder

$$\frac{\dfrac{x}{1-x}}{\dfrac{x'}{1-x'}} = \varphi$$

Man sieht, daß $\varphi = M_1 : M_2$, mit Molekularfaktor bezeichnet, bei der Umrechnung vom Molenbruch x' in den Gewichtsbruch x genau dieselbe Rolle spielt wie der Trennfaktor α bei der Gleichgewichtskurve. Ist $\varphi \geqq 1$, dann erhält man auch genau solche Hyperbeln wie in Abb. 40. Die Konstruktion erfolgt ebenfalls von einem Perspektivitätszentrum P aus durch Strahlenbüschel. Als Ordinate erhält man x, als Abszisse x'. Während jedoch α immer nur *größer als 1* sein kann, kann φ auch *kleiner als 1* werden. Da $\varphi \geqq 1$ nichts Neues bringt, soll $\varphi < 1$ untersucht werden:

Man kann obiges Doppelverhältnis φ auch schreiben:

$$x = \frac{\varphi\, x'}{1 + x'\,(\varphi - 1)} \qquad \begin{aligned} &x = \text{Ordinate} \\ &x' = \text{Abszisse} \end{aligned}$$

oder für $\varphi < 1$:

$$x = \frac{\varphi\, x'}{1 - x'(1 - \varphi)} = \frac{\varphi}{\dfrac{1}{x'} - (1 - \varphi)}$$

Bei $x' = -\infty$ wird:

$$x = -\frac{\varphi}{1 - \varphi} \quad \text{(waagerechte Asymptote)}$$

Man kann obige Gleichung auch nach x' auflösen und erhält:

$$x' = \frac{1}{\dfrac{\varphi}{x} + (1 - \varphi)}$$

bei $x = +\infty$ wird:

$$x' = \frac{1}{1 - \varphi} > 1 \quad \text{(senkrechte Asymptote)}$$

Da $1/(1 - \varphi) > 1$ ist, so verläuft die senkrechte Asymptote rechts von der rechten Quadratseite im Abstand

$$\delta = \frac{1}{1 - \varphi} - 1 = \frac{\varphi}{1 - \varphi}$$

Auf Abb. 42 sind diese Verhältnisse für die Umrechnungskurven (gleichseitige Hyperbeln) dargestellt. Für Werte von $\varphi = M_1 : M_2 > 1$

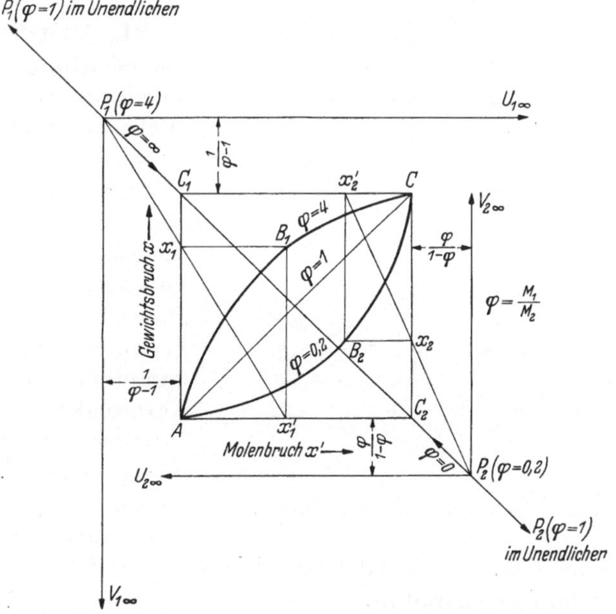

Abb. 42. Umrechnungskurven: Molenbruch x' in Gewichtsbruch x (Aufgabe 23)

liegt das Perspektivitätszentrum P_1 auf der Verlängerung der Quadratdiagonalen über C_1 hinaus, für Werte $\varphi < 1$ liegt das Perspektivitätszentrum P_2 auf der Verlängerung der Quadratdiagonalen über C_2 hinaus. In Abb. 42 ist für $\varphi = 4$ und für $\varphi = 0{,}2$ je ein Punkt B_1 und B_2 als Beispiel konstruiert. Für $\varphi = 4$ ist $P_1 C_2/P_1 C_1 = 4$, für $\varphi = 0{,}2$ ist $P_2 C_2/P_2 C_1 = 0{,}2$. Die Benützung der Perspektivitätszentren hat den Vorteil, daß man nur die Punkte B_1 oder B_2 konstruiert, die man benötigt, und nicht die ganze Kurve aufzuzeichnen hat. Für $\varphi = 1$ geht die Hyperbel in die Quadratdiagonale AC über, das Perspektivitätszentrum liegt im Unendlichen. Man kann natürlich auch hier auf φ die Darstellung des Prinzips der reziproken Radien anwenden wie in Abb. 41. Für $\varphi > 1$ liegen dann die Punkte D oben und für $\varphi < 1$ unten.

24. Aufgabe. Stelle die Gleichungen für die Verstärkungs- und Abtriebskurven im McCabe-Thiele-Diagramm auf, wenn für ein Zweistoffgemisch die Kondensations- und Siedekurve im Mollierschen i-x-Diagramm geradlinig verlaufen und die Verdampfungsenthalpie mit wachsendem Gehalt an Leichtsiedendem abnimmt. Entwickle die Gleichungen aus dem i-x-Diagramm heraus. Gegeben sind in Abb. 43 a die Gleichgewichtskurve und in Abb. 43 b die Darstellung im i-x-Diagramm.

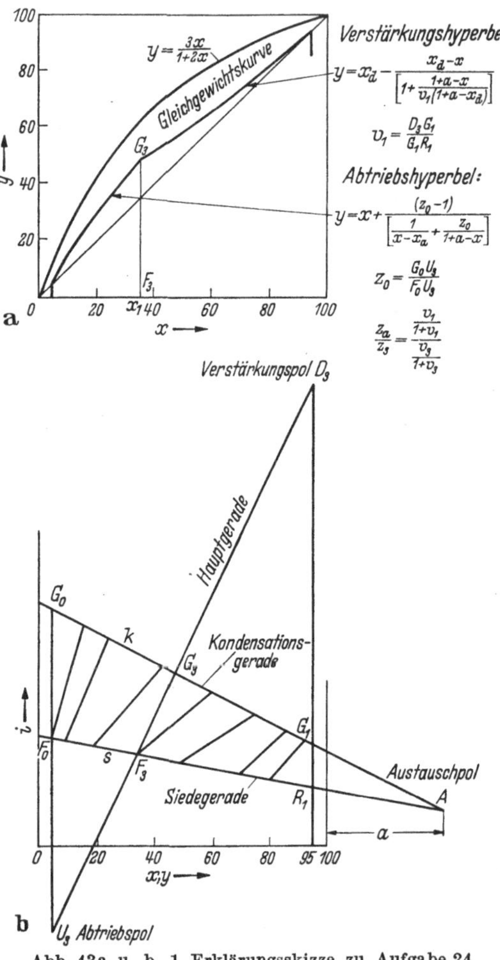

Abb. 43a u. b. 1. Erklärungsskizze zu Aufgabe 24

geben sind in Abb. 43a die Gleichgewichtskurve und in Abb. 43 b die Darstellung im i-x-Diagramm.

Lösung. 1. Verstärkungskurve. In Abb. 44 ist zur Erklärung eine Skizze des Mollierschen i-x-Diagramms gezeichnet. Die Kondensationskurve k ist durch die Gerade $K_0 K_1$, die Siedekurve s durch die Gerade $S_0 S_1$ dargestellt. Der Schnittpunkt A ist der Austauschpol, D_3 ist der Verstärkungspol, U_3 der Abtriebspol und $U_3 F_3 G_3 D_3$ ist die Hauptgerade. Das Rücklaufverhältnis (deutsches) bei der Destillatzusammensetzung x_d ist:

$$v_1 = \frac{D_3 G_1}{G_1 R_1}$$

Das Rücklaufverhältnis v an einer beliebigen Stelle x, y mit x als Flüssigkeitszusammensetzung und y als Dampfzusammensetzung ist:

$$v = \frac{D_3 G}{G R}$$

Im Austauschpol A ist:

$$v = \frac{D_3 A}{0} = \infty$$

Zieht man durch D_3 eine Parallele zur Siedegeraden s, so schneidet sie die Kondensationsgerade k in V_2. Der Punkt G fällt nach V_2, und R

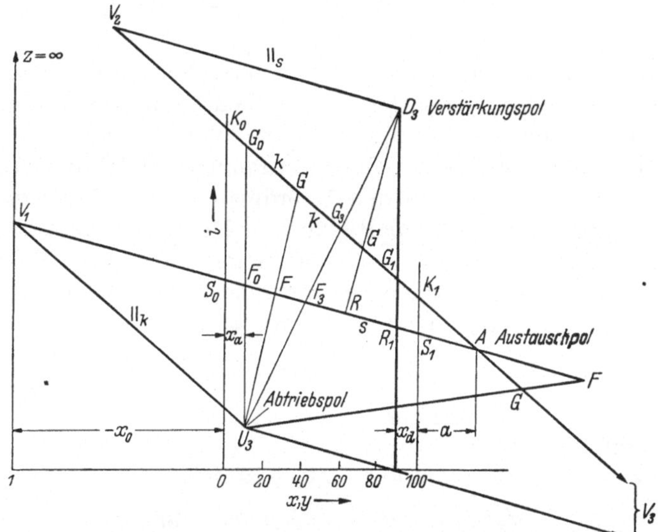

Abb. 44. 2. Erklärungsskizze zu Aufgabe 24

liegt im negativen Unendlichen bei $x = -\infty$. Daher wird hier:

$$v = \frac{D_3 G}{R G} = \frac{D_3 V_2}{V_2 \infty} = 0$$

Wie bereits oben ausführlich erörtert wurde, ist die Kurve $v = f(x)$ eine gleichseitige Hyperbel mit der durch A gehenden senkrechten Asymptote für $v = \infty$ und der x-Achse als waagerechter Asymptote mit $v = 0$ bei $x = -\infty$. Für x_d möge $v = v_1$ gegeben sein, also Punkt D_3 vorher bestimmt sein. Mit den Größen v_1, x_d und dem Austauschpolabstand a ist das Hyperbelrechteck von konstantem Inhalt gegeben als:

$$v_1(1 + a - x_d)$$

Für einen beliebigen Wert x muß sein:

$$v(1 + a - x)$$

Die Gleichung der gleichseitigen Hyperbel $v = f(x)$ wird demnach:

$$v = v_1 \frac{1 + a - x_d}{1 + a - x} \tag{107}$$

Wie aus der i-x-Darstellung in Abb. 44 hervorgeht, kann v auch noch durch ein Streckenverhältnis dargestellt werden. Es ist:

$$v = \frac{D_3 G}{G R} = \frac{x_d - y}{y - x}$$

Setzt man diesen Wert v in Gl. (107) ein, so erhält man, nach y aufgelöst:

$$y = x_d - \frac{x_d - x}{\left[1 + \dfrac{1 + a - x}{v_1(1 + a - x_d)}\right]} \tag{108}$$

Dies ist die Gleichung der Verstärkungskurve, die, wie mit den Mitteln der Geometrie der Lage oder der analytischen Geometrie nachgewiesen werden kann, eine gleichseitige Hyperbel mit Asymptoten parallel zur x-Achse und y-Achse ist. Zur Bestimmung der Entfernungen x_e und y_e' der Asymptoten von den Koordinatenachsen berechnet man zunächst dy/dx von Gl. (108) und setzt einmal $dy/dx = 0$ und das andere Mal $dy/dx = \infty$. Um nicht zu weitläufig zu werden, soll das fertige Ergebnis angeschrieben werden und die an sich nicht schwierige Differentiation von Gl. (108) dem Leser überlassen werden. Man findet:

$$\frac{dy}{dx} = \frac{1}{1 + \dfrac{1 + a - x}{v_1(1 + a - x_d)}} \left[1 - \frac{x_d - y}{v_1(1 + a - x_d)}\right] . \tag{109}$$

Hieraus ergibt sich:

für die senkrechte Asymptote mit $y = \infty$:

$$x_e = (1 + a) + v_1(1 + a - x_d) \tag{110a}$$

für die waagerechte Asymptote mit $x = -\infty$:

$$y_e = x_d - v_1(1 + a - x_d) \tag{110b}$$

Auch der Sonderfall für gleiche Verdampfungsenthalpien der Komponenten folgt aus den Gln. (108) und (109), wenn man $a = \infty$ setzt.

Aus Gl. (108) folgt zunächst für $a = \infty$:

$$y = x_d - \frac{x_d - x}{\left[1 + \dfrac{\dfrac{1}{a} + 1 - \dfrac{x}{a}}{v_1\left(\dfrac{1}{a} + 1 - \dfrac{x_d}{a}\right)}\right]} = x_d - \frac{v_1(x_d - x)}{v_1 + 1}$$

oder

$$y = + \frac{v_1}{v_1 + 1}\, x + \frac{x_d}{v_1 + 1} \tag{111}$$

Dies ist die bekannte Gleichung der *Rücklaufgeraden* bei gleichen Verdampfungsenthalpien der beiden Komponenten [37].

Setzt man in Gl. (109) $a = \infty$ ein, so wird:

$$\frac{dy}{dx} = \frac{1}{1 + \dfrac{\dfrac{1}{a} + 1 - \dfrac{x}{a}}{v_1\left(\dfrac{1}{a} + 1 - \dfrac{x_d}{a}\right)}} \left[1 - \frac{\dfrac{x_d - y}{a}}{v_1\left(\dfrac{1}{a} + 1 - \dfrac{x_d}{a}\right)} \right] = \frac{v_1}{1 + v_1} \tag{112}$$

Dies ist die konstante Neigung der *Rücklaufgeraden*.

2. **Abtriebskurve.** Zur Ableitung der Gleichung für die Abtriebskurve wird ebenfalls Abb. 44 benutzt. Hier spielen die Verhältnisse $G U_3 / F U_3$ eine wichtige Rolle. Es werden bezeichnet mit:

$G U_3 / F U_3 = z$ allgemein
$G_0 U_3 / F_0 U_3 = z_0$ am Fuße der Abtriebssäule
$G_3 U_3 / F_3 U_3 = z_3$ am Kopfe der Abtriebssäule

Für die Aufstellung der Kurvengleichung benötigt man hier ebenfalls einige Grenzwerte. Zieht man durch U_3 eine Parallele zur Kondensationsgeraden k, so schneidet jene die rückwärts verlängerte Siedekurve s in V_1 und die Kondensationsgerade k im Unendlichen. Für den Strahl $U_3 V_1 \infty$ des Strahlenbüschels mit dem Zentrum U_3 gilt:

$$z = \frac{G U_3}{F U_3} = \frac{\infty U_3}{V_1 U_3} = \infty$$

Trägt man von der Abszissenachse (x, y) senkrecht nach oben den Wert z auf, so liegt der eine Grenzwert der Abtriebskurve $z = \infty$ auf der durch V_1 gehenden Senkrechten, die den Abstand $x = -x_0$ von der durch O gehenden Ordinatenachse besitzt. Ein weiterer ausgezeichneter Punkt der $z = f(x)$-Kurve liegt bei $x = 1 + a$, der Abszisse des Austauschpols A, wo $z_a = 1$ wird. Dreht sich der Büschelstrahl $G U_3$ weiter rechts um U_3, so wird $z = G U_3 / F U_3 < 1$. Wird schließlich der Büschelstrahl $U_3 F$ parallel zur Siedekurve s, so schneidet er die Kondensationsgerade k in V_3, und es wird:

$$z = \frac{G U_3}{F U_3} = \frac{V_3 U_3}{\infty} = 0$$

d. h.:
$$\text{für} \quad x = +\infty \quad \text{wird} \quad z = 0$$

Man hat somit gefunden, daß für $x = -x_0$ der Wert $z = \infty$ und für $x = +\infty$ der Wert $z = 0$ wird. Die $z = f(x)$-Kurve ist ebenfalls eine gleichseitige Hyperbel. Sie hat eine senkrechte Asymptote mit $z = \infty$

bei $x = -x_0$ und die Abszissenachse mit $z = 0$ bei $x = +\infty$ als waagerechte Asymptote. Da für die x-Koordinate des Austauschpols A mit $x = 1 + a$ der Wert $z = 1$ ist, so ergibt sich der konstante Flächeninhalt des Hyperbelrechtecks zu

$$I_1 = (x_0 + 1 + a) \cdot 1$$

Die Gleichung der auf den Ursprung O_1 bezogenen gleichseitigen Hyperbel lautet:

$$z = \frac{1 + a + x_0}{x + x_0} \tag{113}$$

und

$$z - 1 = \frac{1 + a - x}{x + x_0} \tag{114}$$

Da für x_a die Größe $z_0 = G_0 U_3 / F_0 U_3$ gegeben ist, kann man aus Gl. (114) sofort x_0 berechnen und findet:

$$x_0 = \frac{1 + a - z_0 x_a}{z_0 - 1} \tag{115}$$

Setzt man diesen Wert in Gl. (114) ein, so wird:

$$z - 1 = \frac{(1 + a - x)(z_0 - 1)}{\dfrac{1 + a - z_0 x_a}{z_0 - 1} + x} = \frac{(1 + a - x)(z_0 - 1)}{[(1 + a - x) + z_0(x - x_a)]}$$

Etwas umgeformt wird hieraus:

$$z - 1 = \frac{(z_0 - 1)}{\left[1 + \dfrac{z_0(x - x_a)}{1 + a - x}\right]} \tag{116}$$

Nun ist nach obigem:

$$z - \frac{G U_3}{F U_3}$$

Ferner liest man aus Abb. 44 ab:

$$z = \frac{G U_3}{F U_3} = \frac{y - x_a}{x - x_i}$$

Hieraus erhält man:

$$z - 1 = \frac{y - x}{x - x_a}$$

Setzt man diesen Wert in Gl. (116) ein, so findet man schließlich:

$$y = x + \frac{z_0 - 1}{\left[\dfrac{1}{x - x_a} + \dfrac{z_0}{1 + a - x}\right]} \tag{117}$$

Dies ist die Hyperbelgleichung der Abtriebskurve.

Die Neigung der Tangente in irgendeinem Punkte ist:

$$\frac{dy}{dx} = \frac{(y - x_a) + z_0(1 + a - y)}{(1 + a - x) + z_0(x - x_a)} \tag{118}$$

Hieraus findet man die Lage der Asymptoten, indem man $dy/dx = \infty$ für die senkrechte Asymptote und $dy/dx = 0$ für die waagerechte Asymptote setzt.

Senkrechte Asymptote:

$$y = -\infty \quad \text{bei} \quad x_e = \frac{z_0\, x_a - (1 + a)}{z_0 - 1}$$

Waagerechte Asymptote:

$$x = +\infty \quad \text{bei} \quad y_e = \frac{z_0(1 + a) - x_a}{z_0 - 1}$$

Gl. (117) geht für $a = \infty$, also für gleiche Verdampfungsenthalpien der Komponenten, in die Gleichung der geraden Linie über:

$$y = x z_0 - (z_0 - 1)\, x_a$$

Beachtet man noch, daß bei gleichen Verdampfungsenthalpien, also bei parallelen k- und s-Geraden,

$$z_0 = z_3 = \frac{G_3 U_3}{F_3 U_3} = \frac{F_3}{G_3} = \frac{F_m' + R}{D + R} = \frac{\dfrac{F_m'}{D} + \dfrac{R}{D}}{1 + \dfrac{R}{D}}$$

ist, so wird mit $F_m'/D = u$ und $R/D = v$:

$$z_0 = z_3 = \frac{u + v}{1 + v}$$

$$z_0 - 1 = \frac{u - 1}{1 + v}$$

Die Gleichung der Abtriebsgeraden wird somit:

$$y = \frac{u + v}{1 + v}\, x - \frac{u - 1}{1 + v}\, x_a$$

Ferner wird für $x = y = x_a$ nach Gl. (118):

$$\left(\frac{dy}{dx}\right)_{x = x_a} = z_0$$

für $a = \infty$ wird mit

$$z_0 = z_3 = \frac{u + v}{1 + v}$$

$$\frac{dy}{dx} = \frac{u + v}{1 + v}$$

Zwischen z_0, z_3, v_1 und v_3 besteht eine Beziehung, die leicht aus Abb. 45 abgeleitet werden kann:

Es gilt folgendes:

$$\Delta G_0 G_3 U_3 \sim \Delta G_1 G_3 D_3$$

hieraus:

$$\frac{G_0 U_3}{G_1 D_3} = \frac{G_3 U_3}{G_3 D_3}$$

ferner ist: $$\Delta F_0 F_3 U_3 \sim \Delta R_1 F_3 D_3$$

hieraus $$\frac{F_0 U_3}{R_1 D_3} = \frac{F_3 U_3}{F_3 D_3}$$

Aus diesen beiden Gleichungen folgt:

$$\frac{\dfrac{G_0 U_3}{F_0 U_3}}{\dfrac{G_3 U_3}{F_3 U_3}} = \frac{\dfrac{G_1 D_3}{R_1 D_3}}{\dfrac{G_3 D_3}{F_3 D_3}} \tag{119}$$

Aus Abb. 43 ist abzulesen:

$$z_0 = \frac{G_0 U_3}{F_0 U_3} \; ; \qquad z_3 = \frac{G_3 U_3}{F_3 U_3}$$

$$\frac{v_1}{1 + v_1} = \frac{G_1 D_3}{R_1 D_3} \; ; \qquad \frac{v_3}{1 + v_3} = \frac{G_3 D_3}{F_3 D_3}$$

Setzt man diese Werte in Gl. (119) ein, so erhält man die Beziehung

$$\frac{z_0}{z_3} = \frac{\dfrac{v_1}{1 + v_1}}{\dfrac{v_3}{1 + v_3}}$$

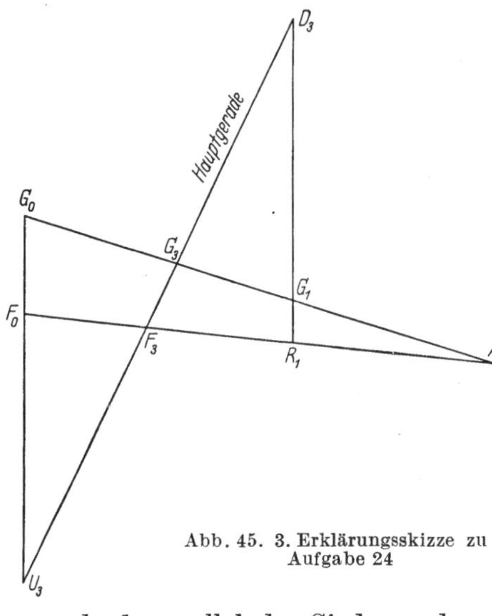

Abb. 45. 3. Erklärungsskizze zu
Aufgabe 24

25. Aufgabe. Wie groß ist in Aufgabe 24 der Anreicherungsgewinn Δy des Dampfes in der Verstärkungssäule dadurch, daß die Verdampfungsenthalpie des Zweistoffgemisches mit zunehmendem Gehalt an Leichtsiedendem abnimmt?

Lösung. Würde die Verdampfungsenthalpie über dem gesamten Konzentrationsbereich konstant sein, also in Abb. 43 die Kondensationsgerade k parallel der Siedegeraden s sein und demnach $a = \infty$ sein, so wäre nach Gl. (111):

$$y = \frac{v_0}{1 + v_0} x + \frac{x_d}{1 + v_0} \qquad \text{(zur Unterscheidung } v_0 \text{ statt } v_1\text{)}$$

Im vorliegenden Fall der Abb. 43 ist:

$$v_0 = \frac{D_3 G_1}{G_1 R_1} = \frac{94}{47} = 2 \quad \text{und} \quad x_d = 0{,}95$$

Ist jedoch, wie in Abb. 43, $a = 0{,}4$, so ist:

$$v_1 = \frac{D_3 G_1}{G_1 R_1} = \frac{125}{15} = \frac{25}{3} = 8{,}33 \qquad x_d = 0{,}95$$

Es gilt dann gemäß Gl. (108):

$$y = x_d - \frac{x_d - x}{\left[1 + \frac{1 + a - x}{v_1(1 + a - x_d)}\right]}$$

Für irgendeine Stelle x ergibt sich als y-Differenz aus den beiden Gleichungen:

$$\Delta y = \left[\frac{v_0}{v_0 + 1} x + \frac{x_d}{v_0 + 1}\right] - \left[x_d - \frac{(x_d - x)}{\left[1 + \frac{1 + a - x}{v_1(1 + a - x_d)}\right]}\right]$$

Diesen Ausdruck kann man noch etwas umordnen und erhält:

$$\Delta y = (x_d - x)\left[\frac{1}{1 + \frac{(1 + a - x)}{v_1(1 + a - x_d)}} - \frac{v_0}{v_0 + 1}\right]$$

Die Größe $\dfrac{1 + a - x}{v_1(1 + a - x_d)}$ soll zur Abkürzung mit p bezeichnet werden und in einer anderen, zweckdienlichen Form geschrieben werden als:

$$p = \frac{\dfrac{1 - x}{a} + 1}{v_1\left(\dfrac{1 - x_d}{a} + 1\right)}$$

Für $x = x_d$ wird $p = 1/v_1$ und $\Delta y = 0$.

Für $a = \infty$, also Kondensationsgerade k parallel Siedegeraden s:

$$p = \frac{1}{v_1} = \frac{1}{v_0}$$

Weil für $a < \infty$ $v_1 > v_0$ ist gemäß Abb. 43, so wird:

$$\frac{1}{1 + \frac{1 + a - x}{v_1(1 + a - x_d)}} > \frac{v_0}{v_0 + 1}$$

Mit den obigen Daten der Abb. 43 wird:

$$\Delta y = (0{,}95 - x)\left[\frac{1}{1 + \frac{1{,}4 - x}{3{,}75}} - 0{,}67\right]$$

Δy soll für $x = 0{,}7$ und $x = 0{,}5$ ausgerechnet werden:

Für $x = 0{,}7$ wird:

$$\Delta y = 0{,}25 \cdot [0{,}84 - 0{,}67] = 0{,}25 \cdot 0{,}17 = 0{,}0425 \quad (4{,}25\%)$$

Für $x = 0{,}5$ wird:

$$\Delta y = 0{,}45 \cdot [0{,}81 - 0{,}67] = 0{,}45 \cdot 0{,}14 = 0{,}063 \quad (6{,}3\%)$$

Wegen der größeren Verstärkungswirkung wird die Anzahl der theoretischen Böden geringer. Die Verstärkungssäule wird mit abnehmender Verdampfungsenthalpie des Zweistoffgemisches niedriger.

4. Die harmonischen Beziehungen bei der Extraktion

a) Allgemeines

Hier soll die Extraktion Flüssig-Flüssig behandelt werden, weil bei dieser der Vorteil einer projektiven Betrachtungsweise besonders klar hervortritt. In diesem Trennverfahren treten nämlich in gleicher Weise wie bei der Rektifikation 2 Phasen in Erscheinung, die Extrakt- und die Raffinatphase. Es ist deshalb möglich, aus 2, wenn auch kurzen Phasenstrecken und aus 2 Querschnittsstrahlen ebenfalls ein *Vollständiges Viereck* mit seinen 3 Nebenecken zu konstruieren und die harmonischen Beziehungen verfahrenstechnisch auszuwerten. Die beiden Phasenkurven werden jedoch nicht wie bei der Rektifikation in ein MOLLIERsches i-x-Diagramm, sondern zweckmäßig in ein auch vom praktischen Verfahrensingenieur viel benutztes Dreieck eingezeichnet, das die Gehalte der drei im Extraktionsprozeß auftretenden Flüssigkeitskomponenten darstellt.

b) Das Darstellungsdreieck

Nur der Vollständigkeit halber soll hier kurz auf die Entstehung des Darstellungsdreiecks eingegangen und seine Eigenschaften aus

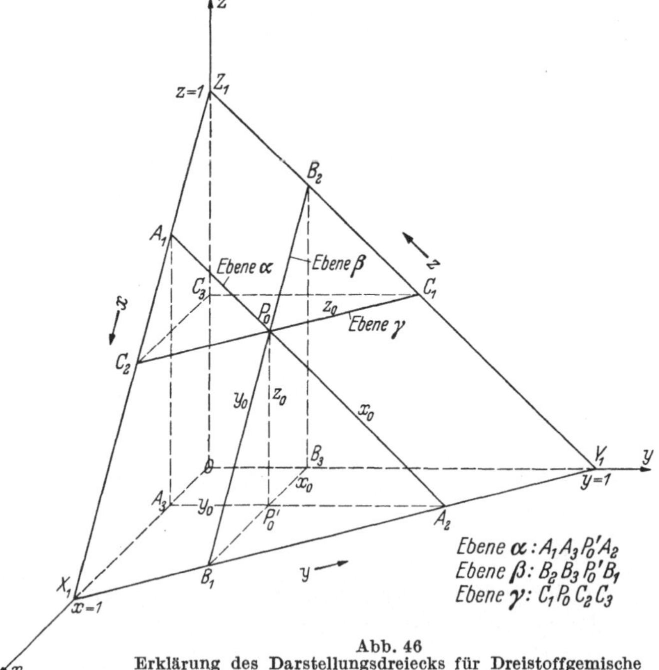

Abb. 46
Erklärung des Darstellungsdreiecks für Dreistoffgemische

den physikalisch-chemischen Gegebenheiten des Dreistoffgemisches abgeleitet werden:

Bezeichnet man die Gehalte (als Gewichtsbrüche) der 3 Komponenten im Dreistoffgemisch mit x, y, z, so muß die Gleichung erfüllt sein:

$$x + y + z = 1$$

Dies ist aber die sogenannte [38] „*Abschnittsgleichung*" einer Ebene (E) im Raum. Sie schneidet auf den 3 Koordinatenachsen die *Abschnitte 1* ab und bildet innerhalb des von den Koordinatenebenen begrenzten Raumes ein gleichseitiges Dreieck, wie Abb. 46 zeigt. Hat beispielsweise ein Dreistoffgemisch die Zusammensetzung x_0, y_0, z_0, so wird es durch den Punkt P_0 in der Ebene des Darstellungsdreiecks veranschaulicht. Es sind $B_3 P'_0 = x_0$, $OB_3 = y_0$ und $P'_0 P_0 = z_0$. $P'_0 P_0$ ist die Schnittgerade der beiden Ebenen $A_1 A_3 P'_0 A_2$ (Ebene α für $x_0 = \text{const}$) und $B_2 B_3 P'_0 B_1$ (Ebene β für $y_0 = \text{const}$). Die dritte Ebene $C_1 P_0 C_2 C_3$ (Ebene γ für $z_0 = \text{const}$) schneidet die Schnittgerade $P'_0 P_0$ der Ebenen α und β im Punkt P_0. Die 3 Ebenen α, β, γ schneiden das Darstellungsdreieck X_1, Y_1, Z_1 in drei parallelen Geraden zu den Dreiecksseiten. Alle Punkte der Geraden $A_1 A_2$ haben gleiches x_0, alle Punkte der Geraden $B_1 B_2$ haben gleiches y_0 und alle Punkte der Geraden $C_1 C_2$ haben gleiches z_0. Der Darstellungspunkt P_0 ist der Schnittpunkt der 3 Ebenen α, β, γ. Da nun jedes gleichseitige Dreieck als Schnittebene angesehen werden kann, welche die

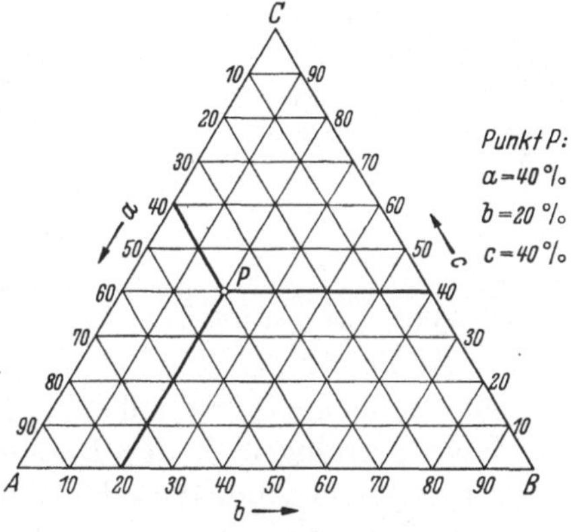

Abb. 47a. Darstellung des Dreistoffgemisches ohne Mischungslücke

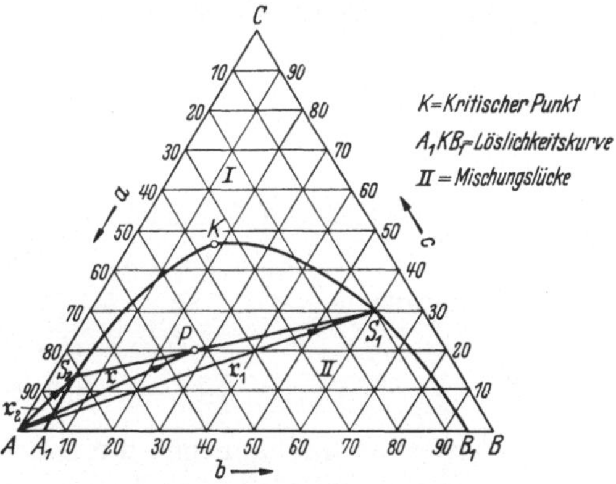

Abb. 47b. Darstellung des Dreistoffgemisches mit Mischungslücke

3 Koordinatenachsen in den gleichen Abschnitten $x = 1$, $y = 1$, $z = 1$ schneidet, ist für jeden Darstellungspunkt des Dreiecks die Kontinuitätsbedingung $x + y + z = 1$ erfüllt.

In Abb. 47a ist das Darstellungsdreieck des Dreistoffgemisches ohne Mischungslücke, in Abb. 47b mit Mischungslücke, die von der Löslichkeitskurve umrandet ist, gezeichnet. Die 100%igen Komponenten sind durch die Eckpunkte A, B und C veranschaulicht, die durch einen Punkt P zu den Seiten CA, AB, BC gezogenen Parallelen schneiden auf den Seiten beispielsweise die Zusammensetzungen $a = 40\%$, $b = 20\%$ und $c = 40\%$ ab. Die durch Laboratoriumsversuche gefundene Löslichkeitskurve teilt das Dreieck in einen oberen Teil I und einen unteren Teil II. Die in dem Teil II dargestellten Gemische zerfallen von selbst in 2 Phasen, in Abb. 47b zerfällt z. B. die durch P veranschaulichte Mischung in die A-arme Phase S_1 und in die A-reiche Phase S_2. Außer der in Abb. 47b dargestellten Mischungslücke gibt es noch andere Formen [39], die aber hier nicht in Betracht gezogen werden sollen, weil es sich hier um mehr grundsätzliche Untersuchungen in der Darstellung handelt.

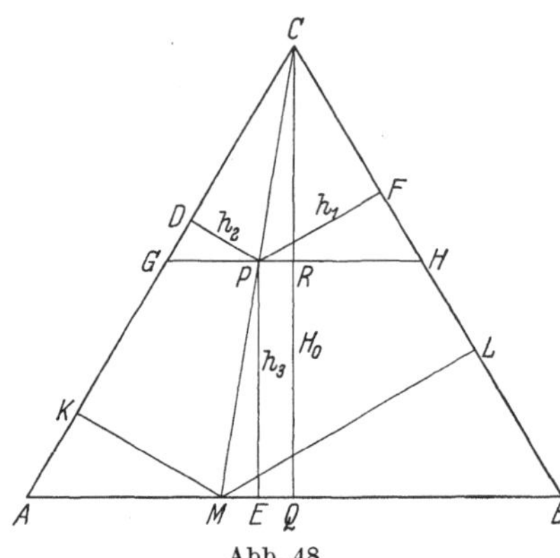

Abb. 48
Erklärungsskizze zum Darstellungsdreieck

An Hand von Abb. 48 sollen noch einige wichtige Eigenschaften des Darstellungsdreiecks abgeleitet werden:

Die arithmetische Summe der von einem Punkt P auf die Seiten gefällten Lote ist gleich der Höhe H_0 des Dreiecks:

$$H_0 = h_1 + h_2 + h_3$$

Es sind nämlich:

$$h_1 = PH \sin 60°$$

$$h_2 = PG \sin 60°$$

$$h_1 + h_2 = (PH + PG) \sin 60° = GH \sin 60° = CG \sin 60° = CR$$

$$h_1 + h_2 + h_3 = CR + RQ = CQ = H_0$$

und hieraus:

$$\frac{h_1}{H_0} + \frac{h_2}{H_0} + \frac{h_3}{H_0} = 1$$

oder

$$a + b + c = 1$$

Ferner veranschaulichen die Darstellungspunkte (z. B. P) auf einer durch einen Eckpunkt (z. B. C) gezogenen Transversalen (z. B. CM) Dreistoffgemische, bei denen die Verhältnisse der Zusammensetzungen der beiden anderen Komponenten (z. B. Komponenten A und B) konstant sind. In Abb. 48 gilt z. B. für den Punkt P:

$$\frac{a}{b} = \frac{\dfrac{h_1}{H_0}}{\dfrac{h_2}{H_0}} = \frac{h_1}{h_2} = \frac{ML}{KM} = \frac{MB}{MA}$$

26. Aufgabe. Gegeben sind $M_1 = 100$ kg eines flüssigen Zweistoffgemisches mit 30 Gew.-% des Stoffes B und 70 Gew.-% des Stoffes A. Wieviel kg des Stoffes C müssen dem Gemisch hinzugefügt werden, damit in dem entstehenden, aus den 3 Komponenten A, B, C sich zusammensetzenden Dreistoffgemisch das Gewichtsverhältnis des Stoffes A zum Stoffe C das gegebene Verhältnis $\varphi = 40/60$ wird?

Lösung. In Abb. 49 sind die Gegebenheiten der Aufgabe zeichnerisch dargestellt. Das Zweistoffgemisch ist gegeben durch Punkt M_1 auf der Dreiecksseite AB mit $b = 30$ Gew.-% des Stoffes B. Wird der dritte Stoff C hinzugefügt, so muß nach obigen Ausführungen (s. Abb. 48) der Darstellungspunkt P des entstehenden Dreistoffgemisches auf der Transversalen CM_1 liegen, denn nur dann bleibt das Verhältnis des Stoffes B zum Stoffe A konstant $\varphi_0 = 30/70$. Da ferner gefordert wird, daß im entstehenden Dreistoffgemisch das Gewichtsverhältnis des Stoffes A zum Stoffe C das gegebene Verhältnis $\varphi_1 = 40/60$ sein soll, so muß der Darstellungspunkt P des entstehenden Dreistoffgemisches auch auf der Transversalen BM_2 liegen, die durch den Punkt M_2 des Zweistoffgemisches AC für $a = 40$ Gew.-% des Stoffes A geht. Der Darstellungspunkt P des entstehenden Dreistoffgemisches muß also der Schnittpunkt der beiden geometrischen Örter CM_1 und BM_2 sein.

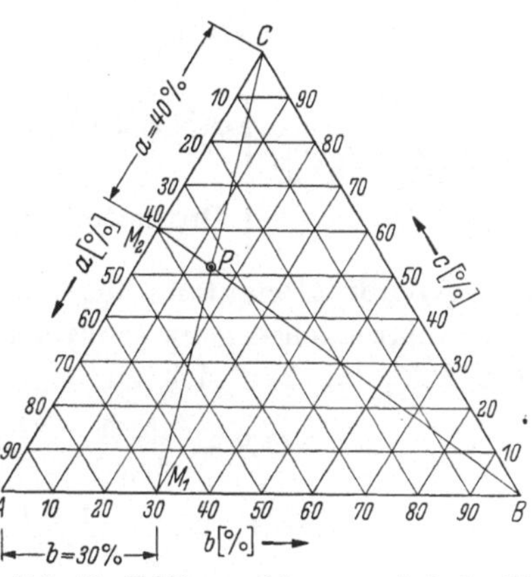

Abb. 49. Erklärungsskizze zu Aufgabe 26

Die erforderliche Menge C, die zur Mischung M_1 hinzugefügt werden muß, ergibt sich aus dem auf die Transversale CPM_1 angewendeten Hebelgesetz:

$$C \cdot \overline{CP} = M_1 \cdot \overline{PM_1}$$

oder

$$\frac{C}{M_1} =: \frac{\overline{PM_1}}{\overline{CP}}$$

Man kann nun aus Abb. 49 die Strecken CP und PM_1 abgreifen und findet:

$$\frac{C}{M_1} = \frac{PM_1}{CP} = \frac{45{,}3}{43{,}3} = 1{,}046$$

Hieraus erhält man dann mit $M_1 = 100$ kg:

$$C = 104{,}6 \text{ kg}$$

Das Gewicht der entstehenden Mischung ist:

$$G = M_1 + C = 100 + 104{,}6 = 204{,}6 \text{ kg}$$

Die Zusammensetzung ist:

$$\text{Komponente } C: \quad c\% = \frac{104{,}6}{204{,}6} \cdot 100 = 51{,}12\%$$

$$\text{Komponente } A: \quad a\% = \frac{70}{204{,}6} \cdot 100 = 34{,}21\%$$

$$\text{Komponente } B: \quad b\% = \frac{30}{204{,}6} \cdot 100 = 14{,}67\%$$

Man kann auch die Größen C, $a\%$, $b\%$, $c\%$ errechnen. Zu diesem Zwecke bestimmt man mit Hilfe der analytischen Geometrie den Schnittpunkt P der beiden Geraden CM_1 und BM_2. Hier soll nicht die zwar leichte, aber immerhin langwierige Rechnung durchgeführt werden, sondern sollen nur die Endergebnisse angeschrieben werden:

$$\text{Hilfsgröße:} \quad \varphi = \frac{(1+a)}{(1-a)(1-2b)}$$

$$\text{Schnittpunkt } P \begin{cases} \text{Abszisse:} \quad x_P = \dfrac{1+b\,\varphi}{\varphi+1} \\[2ex] \text{Ordinate:} \quad y_P = \dfrac{\sqrt{3}}{1-2b} \cdot \dfrac{1-b}{\varphi+1} \end{cases}$$

Der Koordinatenanfang liegt in A, die Abszissenachse ist AB, die Koordinatenachse geht senkrecht zu AB durch A. Die Strecken CP und PM_1 ergeben sich zu:

$$CP = \frac{[\varphi(1-2b)-1]}{2(\varphi+1)(1-2b)} \sqrt{3+(1-2b)^2}$$

$$PM_1 = \frac{(1-b)}{(\varphi+1)(1-2b)} \sqrt{3+(1-2b)^2}$$

Das Verhältnis $PM_1 : CP$ wird:

$$\frac{PM_1}{CP} = 2\,\frac{(1-b)}{\varphi(1-2b)-1}$$

Noch eine zweite Aufgabe aus dem Gebiet der Darstellung des Dreistoffgemisches mit Mischungslücke soll hier folgen.

27. Aufgabe. Warum zerfällt ein durch einen Punkt innerhalb der Mischungslücke dargestelltes Dreistoffgemisch stets derart in 2 Phasenschichten, daß der Ausgangspunkt mit den beiden Phasenpunkten der Löslichkeitskurve auf einer *geraden* Linie, der Konnode, liegt?

Lösung. In Abb. 47b möge der Punkt P das Ausgangs-Dreistoffgemisch und die Punkte S_1 und S_2 auf der Löslichkeitskurve die beiden Schichten darstellen, in welche die Ausgangsmischung zerfallen ist. Die zu Anfang vorhandene Masse M, deren Schwerpunkt durch P veranschaulicht wird, setzt sich zusammen aus der Masse M_1 der A-armen Phase und der Masse M_2 der A-reichen Phase. Der Schwerpunkt von M_1 ist S_1, der Schwerpunkt von M_2 ist S_2. Zieht man nun von irgendeinem beliebigen Bezugspunkt, z. B. A in Abb. 47b, Radienvektoren $\mathfrak{r}$, $\mathfrak{r}_1$, $\mathfrak{r}_2$ nach den Schwerpunkten der einzelnen Massengruppen S_1, S_2 und nach dem Schwerpunkt der Gesamtmasse P, so gilt nach der Lehre vom Schwerpunkt die Vektorgleichung:

$$M\,\mathfrak{r} = M_1\,\mathfrak{r}_1 \rightarrow M_2\,\mathfrak{r}_2$$

Wählt man nicht A, sondern den Schwerpunkt S_2 der Masse M_2 zum Bezugspunkt, so vereinfacht sich die obige Vektorgleichung zu:

$$M\,\mathfrak{p} = M_1\,\mathfrak{p}_1$$

wobei

$$\mathfrak{p} = S_2\,P$$

$$\mathfrak{p}_1 = S_2\,S_1$$

ist.

Nach dieser letzten Gleichung ist der Vektor $\mathfrak{p} = \overrightarrow{S_2\,P}$ gleichgerichtet mit dem Vektor $\mathfrak{p}_1 = \overrightarrow{S_2\,S_1}$. Diese Tatsache besagt aber: Der Schwerpunkt P der Gesamtmasse M liegt auf der geraden Verbindungslinie der beiden Teilschwerpunkte S_1 und S_2. Mit anderen Worten heißt dies auch: Die Konnode $S_2\,P\,S_1$ ist eine *gerade Linie*.

c) Die Bedeutung der Mischungslücke und ihrer Konnoden für die Extraktion

Für den Extraktionsvorgang ist die „Mischungslücke" des Darstellungsdreiecks mit ihren Konnoden ebenso wichtig wie für den Rektifikationsvorgang das von Kondensations- und Siedekurve im MOLLIERschen i-x-Diagramm eingeschlossene „Mischgebiet" mit seinen Isothermen. Sowohl die Konnoden als auch die Isothermen sind wegen der Schwerpunktseigenschaften der Massen (s. Aufgabe 27) gerade Linien, die im Diagramm 2 Zustandspunkte verbinden, welche das thermostatische Gleichgewicht dieser beiden Phasen darstellen. Für diese Gleichgewichtszustände gilt die erforderliche und hinreichende Bedingung, daß die Temperatur, der Gesamtdruck und die partielle molare Freie Enthalpie (das chemische Potential) eines jeden Stoffes in jeder Phase des Systems gleich sind [40]. Für das Gleichgewicht zwischen Dampf- und Flüssigkeitsphase eines Zweistoffgemisches folgte bei der *isobaren* Rektifikation daraus, daß die Punkte gleicher partieller molarer Freier Enthalpie beider Komponenten auf einer *Isothermen* liegen.

Für das Gleichgewicht zwischen den beiden flüssigen Phasen, der Extrakt- und der Raffinatphase bei der isobaren und gleichzeitig isothermen Extraktion, folgt daraus, daß die Darstellungspunkte gleicher partieller molarer Freier Enthalpie jeder der 3 Komponenten auf einer *Konnoden* liegen.

Um eine klare und anschauliche Vorstellung der für die weiteren Ausführungen so wichtigen Konnodeneigenschaften zu vermitteln, sollen zwei kennzeichnende Dreistoffgemische mit Mischungslücke behandelt werden: Das Essigsäure-Wasser-Benzol-Gemisch und das

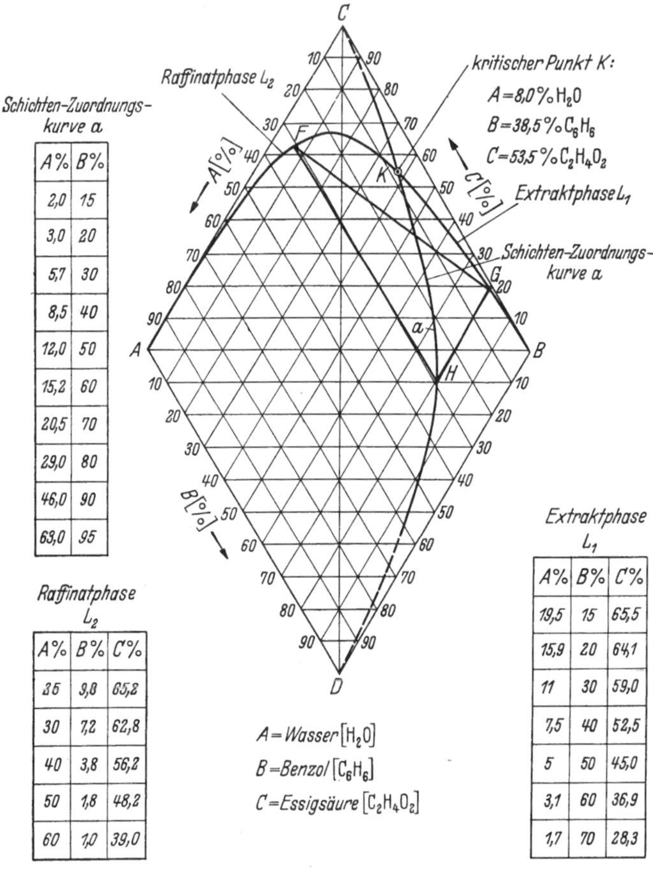

Schichten-Zuordnungskurve a

A%	B%
2,0	15
3,0	20
5,7	30
8,5	40
12,0	50
15,2	60
20,5	70
29,0	80
46,0	90
63,0	95

Raffinatphase L₂

A%	B%	C%
25	9,8	65,2
30	7,2	62,8
40	3,8	56,2
50	1,8	48,2
60	1,0	39,0

Extraktphase L₁

A%	B%	C%
19,5	15	65,5
15,9	20	64,1
11	30	59,0
7,5	40	52,5
5	50	45,0
3,1	60	36,9
1,7	70	28,3

Abb. 50. Dreistoffgemisch Wasser-Essigsäure-Benzol mit Mischungslücke (bei 25 °C, 1 ata) (nach International Critical Tables)

Pyridin-Wasser-Benzol-Gemisch. In Abb. 50 ist das Essigsäure-Wasser-Benzol-Gemisch und in Abb. 51 das Pyridin-Wasser-Benzol-Gemisch im Dreiecksdiagramm aufgetragen. Zur bequemen Bestimmung der Konnoden zeichnet man nach dem von A. S. COOLIDGE angegebenen Verfahren [41] in das Darstellungsdreieck ABC mit Mischungslücke eine sogenannte „Schichtenzuordnungskurve" a ein. Symmetrisch zum Darstellungsdreieck ABC ist an die Seite AB nach unten ein zweites gleichseitiges Dreieck ABD angetragen. In dieses Doppeldreieck wird nun die durch Versuche im Laboratorium gefundene „Schichtenzuordnungskurve" a mit den beiden Koordinaten $A\%$ und $B\%$ eingetragen. Diese Kurve gestattet, zu jeder Zusammensetzung einer Phase die ihr zugeordnete andere, also die Konnode, aufzufinden. Will man z. B.

Schichten-Zuordnungskurve a

$A\%$	$B\%$
97	90
88	72
70	63
60	60
50	57
30	45
20	37

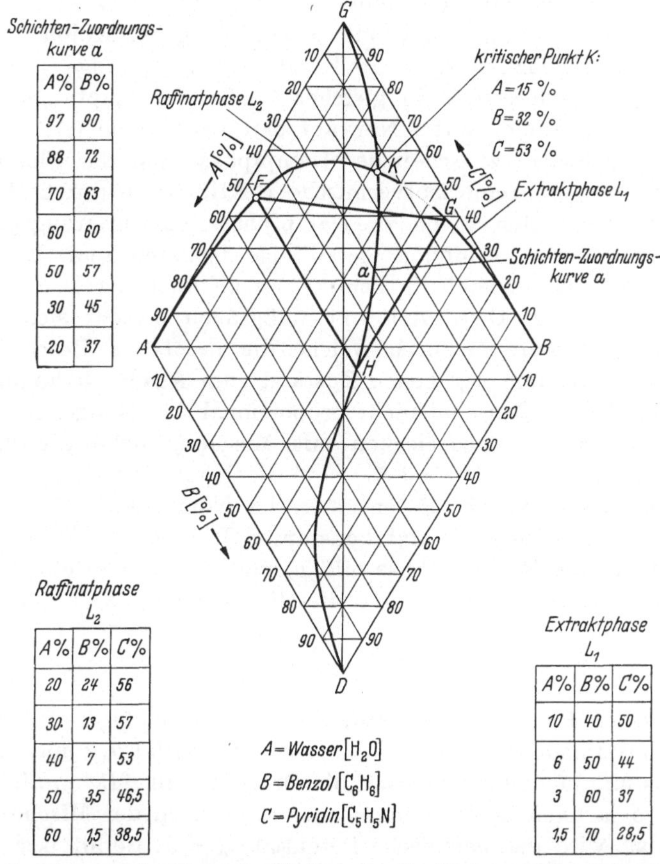

Raffinatphase L_2

$A\%$	$B\%$	$C\%$
20	24	56
30	13	57
40	7	53
50	3,5	46,5
60	1,5	38,5

Extraktphase L_1

$A\%$	$B\%$	$C\%$
10	40	50
6	50	44
3	60	37
1,5	70	28,5

Abb. 51. Dreistoffgemisch Wasser-Pyridin-Benzol mit Mischungslücke (bei 25° C, 1 ata) (nach International Critical Tables)

die zur Zusammensetzung G der Extraktphase L_1 zugeordnete Zusammensetzung F der Raffinatphase L_2 finden, so hat man nur durch G eine Parallele zu BD bis zum Schnitt H mit der Kurve a zu ziehen und durch H eine zweite Parallele zu AD, die dann die Kurve L_2 in dem gesuchten Punkt F trifft.

Ehe auf die praktische Benutzung der Abb. 50 und 51 eingegangen werden kann, müssen noch einige theoretische Erklärungen gegeben werden: Bei der Rektifikation ist die Anreicherung des Gemischdampfes an Leichtsiedendem entlang der Kondensationskurve und die Verarmung entlang der Siedekurve im i-x-Diagramm leicht zu verstehen, weil nach dem zweiten Hauptsatz der Thermodynamik von selbst der Vorgang nur ablaufen kann, wenn $\varDelta T < 0$ ist, also der Gemischdampf von einer Isotherme höherer zu einer Isothermen niederer Temperatur strömt. Hierbei finden, da ja Energie nicht verlorengehen kann und eine 100%ige einwandfreie Isolierung der Kolonne vorausgesetzt wird, gleichzeitig einerseits Kondensationsvorgänge (= Energieabgabe) und andererseits in gleicher Größe Verdampfungsvorgänge (= Energieaufnahme) statt. Nur auf den Isothermen ($\varDelta T = 0$) besteht Gleichgewicht zwischen der Dampfphase und der Flüssigkeitsphase. Würde man eine isothermische Rektifikation durchführen, so würden die Konnoden, welche die Dampfphasen mit ihren zugeordneten Flüssigkeitsphasen verbinden, geradlinige Isobaren sein. Es ist bemerkenswert, daß sowohl die Temperatur als auch der Druck „*intensive Größen*" sind. Diese Art von Maßgrößen bezieht sich auf die *inneren* Eigenschaften, durch welche die besondere Beschaffenheit eines Stoffes in dem gegebenen Zustand zum Ausdruck kommt. Die intensiven Maßgrößen sind nicht proportional den Mengengrößen.

In den Darstellungsdreiecken mit Mischungslücke für die Extraktion (wie in Abb. 50 und 51) sind die Konnoden Gleichgewichtsgerade für das chemische Potential μ_c der Komponente C unter konstantem Gesamtdruck P und konstanter Temperatur T. Wird dies Potential für die Raffinatphase mit $_r\mu_c$ und für die Extraktphase mit $_e\mu_c$ bezeichnet, so ist für ein und dieselbe Konnode, z. B. für die Gerade FG in Abb. 50:

$$_e\mu_c = {_r\mu_c} = \mu_c$$

Im kritischen Punkt K schrumpft die Gleichgewichtsgerade zu einem Punkt zusammen. Hier hat das chemische Potential μ_c seinen größten Wert. Es nimmt in Richtung auf die Dreiecksseite AB hin ab. In AB selbst, wo ja auch keine Komponente C mehr in der Mischung vorhanden ist, wird das chemische Potential $\mu_c = 0$. Somit besitzt jede Konnode ein ganz bestimmtes μ_c, ebenso wie bei der Rektifikation jede Isotherme ein chemisches Potential μ_e für das Leichtsiedende besitzt. Um ein noch besseres Verständnis für den Begriff des hier benützten chemischen Potentials (oder der partiellen Freien Enthalpie) zu vermitteln, ist es nützlich, kurz auf seine Ableitung einzugehen:

Die Kaltextraktion von Flüssigkeitsgemischen, um die es sich hier handelt, erfolgt unter konstantem, äußerem Druck P und konstanter Temperatur T. Daher benutzt man für die Berechnungen und Darstellungen die „GIBBSsche Freie Energie" (auch Freie Enthalpie genannt) G [42]:

$$G = I - TS = U + APV - TS \quad (G = extensive \text{ Größe})$$

Hierin bedeuten:

I Enthalpie $\qquad\qquad$ P äußerer Druck

T absolute Temperatur $\qquad$ V Volumen

S Entropie $\qquad\qquad\qquad$ A $\dfrac{1}{427}$ kcal/mkg (Äquivalentzahl)

U innere Energie

Bei $dP = 0$ und $dT = 0$, wie beim kalten Extraktionsvorgang, wird:

$$dG = d(U + APV - TS) = dU + APdV - TdS$$

Für Gleichgewichtszustände wird die Gesamtentropie S zu einem Maximum und die Freie Enthalpie G zu einem Minimum, also $dS = 0$ und $dG = 0$. Nimmt jedoch G ab, wie bei der Extraktion $\mu_c = \partial G/\partial\mu_c$ für die Komponente C, ist also $dG < 0$ und $\mu_c < 0$, so läuft der Prozeß von selbst ab unter *Arbeitsgewinn*.

Betrachtet man nun auf einer Konnoden den Übergang einer geringen Menge δn_c der Komponente C aus der Raffinatphase in die Extraktphase bei konstantem P und T, so gilt:

$$\delta G = -\,_r\!\left(\frac{\partial G}{\partial n_c}\right)\delta n_c + \,_e\!\left(\frac{\partial G}{\partial n_c}\right)\delta n_c$$

Da der Übergang auf einer Gleichgewichtsgeraden (Konnoden) erfolgen soll, so muß $\delta G = 0$ sein. Hieraus folgt:

$$-\,_r\!\left(\frac{\partial G}{\partial n_c}\right)\delta n_c + \,_e\!\left(\frac{\partial G}{\partial n_c}\right)\delta n_c = 0$$

und damit:

$$_r\!\left(\frac{\partial G}{\partial n_c}\right) = \,_e\!\left(\frac{\partial G}{\partial n_c}\right)$$

oder $_r\mu_c = \,_e\mu_c = \mu_c = $ chemisches Potential der Komponente C. Das chemische Potential μ_c der Komponente C ist in beiden Phasen gleich. Ebenso kann man dies für die Komponenten A und B zeigen und findet insgesamt:

$$_r\mu_a = \,_e\mu_a = \mu_a$$
$$_r\mu_b = \,_e\mu_b = \mu_b$$
$$_r\mu_c = \,_e\mu_c = \mu_c$$

μ_a, μ_b, μ_c sind ebenfalls „intensive Größen". Sie sind aber im Gegensatz zu P und T aus der „extensiven Größe" G der Freien Enthalpie abgeleitet.

Betrachtet man die Gleichgewichtsgeraden (Konnoden) der Rektifikation, die Isothermen, so ist für eine einzige Isotherme ebenfalls P und T konstant. Dies gilt in gleicher Weise für die isobarische Destillation mit Isothermen wie für die isothermische Destillation mit Isobaren. Demnach gelten auch für diese Gleichgewichtsgeraden obige Ableitungen. Auch hier sind für jede Komponente in den beiden Phasen des Systems die chemischen (oder auch thermodynamischen) Potentiale gleich groß. Weil in der Rektifiziersäule bei isobarischer Rektifikation vom Fuß nach dem Kopf der Säule die Temperatur abnimmt, kann als Kenngröße der Konnoden die Temperatur benutzt werden. Da aber bei der Kaltextraktion sowohl Druck als auch Temperatur konstant sind, kann als Kenngröße nur das chemische Potential des zu extrahierenden Stoffes dienen.

Das Vorhandensein einer Mischungslücke ist zwar für die Kaltextraktion notwendig, aber noch nicht hinreichend. Entscheidend für einen erfolgreichen Ablauf des Vorganges ist die *Lagenrichtung der Konnoden* in der Mischungslücke. Da nach den allgemeinen Gleichgewichtsbedingungen jede der 3 Komponenten A, B, C gleiche partielle molare Freie Enthalpie in den beiden Phasen besitzt, so sind die Konnoden auch Geraden gleichen Teildruckes eines jeden Stoffes in den beiden Phasen. Um sich eine Vorstellung von dem Einfluß des Teildruckes des im Dreistoffgemisch gelösten Stoffes C zu bilden, soll zur vereinfachten Betrachtungsweise eine kurzes geradliniges Stück der Löslichkeitskurve für eine verdünnte Lösung untersucht werden. Hierfür kann man nämlich das HENRYsche Gesetz anwenden. Nach diesem ist für die Komponente C:

$$x_c = A P_c$$

d. h.: Die Löslichkeit des Dampfes ist proportional seinem Teildruck. A ist der „Absorptionskoeffizient" und stellt die Konzentration x_c beim Teildruck $P_c = 1$ dar. Wendet man das HENRYsche Gesetz auf die Raffinat- und Extraktphase des Essigsäure-Wasser-Benzol-Gemisches (Abb. 50) an, so ist für die C-arme Extraktphase einer Konnode:

$$_e(x_c) = A_e P_c,$$

für die C-reiche Raffinatphase der gleichen Konnode ist:

$$_r(x_c) = A_R P_c$$

Da nach obigem P_c für die Phasen ein und derselben Konnode den gleichen Wert hat, so muß für

$$_r(x_c) > {}_e(x_c)$$

auch

$$A_r > A_e$$

sein. Dies besagt, daß die Komponente C (= Essigsäure) besser in der Raffinatphase als in der Extraktphase absorbiert wird. Für die Extraktion von Essigsäure aus Wasser-Essigsäure-Gemischen sollte aber nicht die Raffinatphase, sondern die Extraktphase den größeren Gehalt an Essigsäure besitzen. Die Konnoden sollten also von rechts nach links fallen. Versuche zeigten, daß mit Methylisobutylketon anstatt mit Benzol in der Mischungslücke Essigsäure-Wasser-Methylisobutylketon die Konnoden in der Richtung von der Extrakt- zur Raffinatphase bezüglich der Geraden Wasser-Methylisobutylketon leicht abfallen. Einfacher ausgedrückt heißt dies: Essigsäure löst sich in Methylisobutylketon erheblich besser als in Benzol. Die Konnoden in Abb. 50 sind also auch Geraden gleichen Teildruckes P_c für die Essigsäure mit $(P_c)_{max}$ in K und $(P_c)_{min} = 0$ auf AB. Beim Gegenstrom-Extraktionsvorgang, beispielsweise bei der Extraktion von Essigsäure (C) aus Essigsäure-Wasser-Gemischen (CA) mittels Methylisobutylketon als Entziehungsflüssigkeit (B), erniedrigt sich in der Raffinatphase (Essigsäure-Wasser) der Teildruck P_c des Essigsäuredampfes über der Lösung und erhöht er sich gleichzeitig in der Extraktphase (Essigsäure-Methylisobutylketon). Beim Sinken des Teildruckes P_c in der Raffinatphase nimmt die Freie Enthalpie G von selbst ab unter gleichzeitigem Arbeitsgewinn. Dieser wird dazu verwendet, den Teildruck P_c der Essigsäure in der Extraktphase zu erhöhen. Bei der isobaren Rektifikation fanden gleichzeitig Kondensationsvorgänge von der Kondensationskurve ins Mischgebiet und Verdampfungsvorgänge von der Siedekurve ins Mischgebiet statt. Den Kondensationsvorgängen entsprechen bei der Extraktion die frei werdende Energie durch Absinken von P_c in der Raffinatphase, den Verdampfungsvorgängen entsprechen bei der Extraktion die aufgenommene Energie durch Steigen von P_c in der Extraktphase.

28. Aufgabe. Welche Eigenschaften hat ein Dreistoffgemisch mit Mischungslücke, wenn die Schichtenzuordnungskurve a rechts oder links von der Mittelsenkrechten verläuft? Welche Bedeutung hat es, wenn die Schichtenzuordnungskurve die Mittelsenkrechte schneidet?

Lösung. Wenn die Schichtenzuordnungskurve a (s. Abb. 50 und 51) in die Mittelsenkrechte fällt, so liegt auch der kritische Punkt K auf ihr, und der linke Teil L_2 und der rechte Teil L_1 der Löslichkeitskurve liegen symmetrisch zur Mittelsenkrechten CD. Die Komponente C hat dann in der Phase L_2 denselben Gehalt $C\%$ wie in der Phase L_1, die Konnoden verlaufen waagerecht, parallel zur Geraden AB. Liegt die Zuordnungskurve links von der Mittelsenkrechten, so liegt auch der kritische Punkt K zu ihrer Linken, die Konnoden verlaufen von links nach rechts steigend. Die Darstellungspunkte des Teiles L_1 der Löslichkeitskurve besitzen einen höheren C-Gehalt als die Darstellungspunkte des Teiles L_2 der Löslichkeitskurve. Liegt der kritische Punkt K zur Rechten der Mittelsenkrechten, wie in Abb. 50, so verlaufen die Konnoden von links nach rechts fallend. Die Punkte der Phase L_1 (wie etwa G in Abb. 50) haben einen geringeren C-Gehalt als die Punkte der Phase L_2 (wie etwa F in Abb. 50). Wenn die Schichtenzuordnungskurve a die Mittelsenkrechte schneidet, so wechselt die Neigung der

Konnoden wie in Abb. 51 beim Pyridin-Wasser-Benzol-Gemisch. Da bei der Extraktion der zu extrahierende Stoff C (Essigsäure in Abb. 50, Pyridin in Abb. 51) durch die Extraktphase herausgeschleppt und aus der Raffinatphase entfernt werden soll, so eignet sich naturgemäß eine solche Zusatzkomponente B am besten, die sich in dem zu extrahierenden Stoff C besser löst als sich dieser in der anderen Komponente A des Ausgangsgemisches AC. Dies besagt, daß für eine gut verlaufende Extraktion die Konnoden in der Mischungslücke von der Raffinatphase nach der Extraktphase nicht zu stark fallen, wie etwa in Abb. 50 beim Essigsäure-Wasser-Benzol-Gemisch. Ein Blick auf Abb. 51 zeigt, daß eine Extraktion eines Pyridin-Wasser-Gemisches mittels Benzol entsprechend dem günstigeren Konnodenverlauf erheblich besser vonstatten geht als eine Extraktion eines Essigsäure-Wasser-Gemisches mittels Benzol.

29. Aufgabe. Zeige die Anwendung der partiellen molaren Freien Enthalpie auf den Extraktionsvorgang in der Raffinat- und Extraktphase und erkläre die sich hieraus ergebende Bedeutung der Konnoden in der Mischungslücke.

Lösung. Für die thermodynamische Darstellung des Extraktionsvorganges unter konstantem Außendruck P und konstanter Temperatur T benutzt man die thermodynamische Funktion der Freien Enthalpie. Sie hat die Größe:

$$G = I - TS = (U + APV) - TS \qquad (120)$$

Hierin bedeuten:

U innere Energie (kcal)	S Entropie (kcal/°K)
P Außendruck (kg/m²)	I Enthalpie (kcal)
V Gesamtvolumen (m³)	A Wärmeäquivalent $\dfrac{1}{427}$ (kcal/mkg)
T absolute Temperatur (°K)	

Von der Enthalpie $I = G + TS$ ist nur die Änderung dG von G in Arbeit verwandelbar, während die Änderung $T\,dS$ der Größe TS als Wärme abgeführt wird. Für die Änderung dG gilt folgendes [43]:

1) $dG > 0$, Arbeit muß *aufgewendet* werden, damit der Prozeß vonstatten gehen kann.

2) $dG = 0$, dies ist die *Gleichgewichtsbedingung*.

3) $dG < 0$, der Prozeß läuft *von selbst* ab unter *Arbeitsgewinn*.

Die Enthalpie G ist eine „extensive" Größe und hat als solche die Eigenschaft, daß der zahlenmäßige Betrag der verwendeten Stoffmenge proportional ist. Da nur die „intensiven" Eigenschaften die kennzeichnenden Eigenarten des Stoffes in einem gegebenen Zustand beschreiben können, weil sie wie die Temperatur, der Druck oder die

Dichte unabhängig von der Stoffmenge sind, soll im vorliegenden Fall der Extraktion die aus der „extensiven" Größe der Freien Enthalpie G abgeleitete, auf ein Mol bezogene „intensive" Größe der molaren Freien Enthalpie benutzt werden. Sie soll zum Unterschied von G mit g bezeichnet werden. Da der Extraktionsprozeß unter konstantem Gesamtdruck P und konstanter Temperatur T verläuft, ist die molare Freie Enthalpie g nur eine Funktion der Molmenge n_1 $\left(x_1 = n_1/(n_1 + n_2 + n_3)\right)$ des Stoffes A, n_2 des Stoffes B und n_3 des Stoffes C oder in symbolischer Schreibweise:

$$g = f(n_1, n_2, n_3)$$

Die Veränderung dg muß ferner ein *vollständiges Differential* sein, weil g eine thermodynamische *Zustandsfunktion* und als solche unabhängig vom Wege ist [44]. Nach diesen Bemerkungen ist:

$$dg = \left(\frac{\partial g}{\partial n_1}\right) dn_1 + \left(\frac{\partial g}{\partial n_2}\right) dn_2 + \left(\frac{\partial g}{\partial n_3}\right) dn_3 \tag{121}$$

In dieser Gleichung sind die Größen $\partial g/\partial n_1$, $\partial g/\partial n_2$ und $\partial g/\partial n_3$ *partielle molare Größen* und sollen abgekürzt bezeichnet werden mit:

$$\bar{g}_1 = \frac{\partial g}{\partial n_1}; \quad \bar{g}_2 = \frac{\partial g}{\partial n_2}; \quad \bar{g}_3 = \frac{\partial g}{\partial n_3} \tag{122}$$

Mit diesen Abkürzungen kann Gl. (121) geschrieben werden:

$$dg = \bar{g}_1 dn_1 + \bar{g}_2 dn_2 + \bar{g}_3 dn_3 \tag{123}$$

Diese Größen kennzeichnen „intensive" Eigenschaften der Lösung und sind unabhängig von den Gesamtmengen der einzelnen Bestandteile genauso wie etwa die Temperatur oder der Druck. Fügt man demnach zu einer vorhandenen Lösung die 3 Komponenten gleichzeitig derart hinzu, daß die verhältnismäßigen Anteile konstant bleiben, so müssen auch die partiellen molaren Freien Enthalpien $\bar{g}_1$, $\bar{g}_2$, $\bar{g}_3$ konstant bleiben. Das heißt mit anderen Worten: Gl. (123) darf integriert werden. Damit erhält man:

$$g = \bar{g}_1 n_1 + \bar{g}_2 n_2 + \bar{g}_3 n_3 \tag{124}$$

Die allgemeine Differentiation dieser Gleichung ergibt:

$$dg = n_1 d\bar{g}_1 + n_2 d\bar{g}_2 + n_3 d\bar{g}_3 + (\bar{g}_1 dn_1 + \bar{g}_2 dn_2 + \bar{g}_3 dn_3)$$

Hieraus folgt:

$$n_1 d\bar{g}_1 + n_2 d\bar{g}_2 + n_3 d\bar{g}_3 = 0 \tag{125}$$

Nach den allgemeinen Gleichgewichtsbedingungen sind nun für beide Phasen (Raffinat- und Extraktphase) ein und derselben Konnode Temperatur, Druck und die partiellen molaren Freien Enthalpien $\bar{g}_1$, $\bar{g}_2$, $\bar{g}_3$ für jede der 3 Komponenten A, B, C des Dreistoffgemisches gleich groß. Für eine Konnode gilt die Gleichgewichtsbedingung $dg = 0$.

Von den 3 Komponenten A, B, C nimmt C eine bevorzugte Stellung ein, weil C die zu extrahierende Komponente ist. Die Konnoden der Mischungslücke wird man deshalb mit der partiellen molaren Freien Enthalpie $\bar{g}_3$ kennzeichnen. In der *Raffinatphase*, aus der im Verlaufe des Extraktionsvorganges die Komponente C verschwindet, ist $d\bar{g}_3 < 0$, d. h. der Prozeß läuft *von selbst* ab unter *Arbeitsgewinn*. In der *Extraktphase*, in der sich im Verlaufe des Extraktionsvorganges die Komponente C anreichert, ist $d\bar{g}_3 > 0$, d. h. Arbeit muß *aufgewendet* werden, damit der Prozeß vonstatten gehen kann. Man kann noch statt $\bar{g}_1$, $\bar{g}_2$, $\bar{g}_3$ die Flüchtigkeiten der Komponenten einführen, denn es besteht ja die Beziehung, wenn mit f_1, f_2, f_3 die Flüchtigkeiten und mit B_1, B_2, B_3 Konstante bezeichnet werden [45]:

$$\bar{g}_1 = R\,T \ln f_1 + B_1$$
$$\bar{g}_2 = R\,T \ln f_2 + B_2$$
$$\bar{g}_3 = R\,T \ln f_3 + B_3$$

Will man die Veränderungen von ∂g_1, ∂g_2, ∂g_3 nach der bevorzugten Veränderung ∂n_3 kennenlernen, so findet man aus Gl. (125):

$$n_1 \left(\frac{\partial \bar{g}_1}{\partial n_3}\right)_{P,\,T} + n_2 \left(\frac{\partial \bar{g}_2}{\partial n_3}\right)_{P,\,T} + n_3 \left(\frac{\partial \bar{g}_3}{\partial n_3}\right)_{P,\,T} = 0 \qquad (126)$$

Führt man hier die Flüchtigkeiten f_1, f_2, f_3 ein, so wird:

$$x_1 \left(\frac{\partial \ln f_1}{\partial x_3}\right) + x_2 \left(\frac{\partial \ln f_2}{\partial x_3}\right) + x_3 \left(\frac{\partial \ln f_3}{\partial x_3}\right) = 0 \qquad (127)$$

Man kann dann die Konnoden $\bar{g}_3$ auch auffassen als Gleichgewichtsgerade der Flüchtigkeit f_3 oder angenähert auch als Gleichgewichtsgerade des Teildruckes p_3 der Komponente C.

d) Das Vollständige Viereck bei der Extraktion

Zum besseren Verständnis der im „Vollständigen Viereck" dargestellten Extraktionsvorgänge soll zunächst der Stoffübergang bei der Extraktion mit dem bei der Rektifikation an Hand von Abb. 52 verglichen werden. Der für beide Trennungsmöglichkeiten in Säulen sich abspielende Prozeß wird derart im Gegenstrom geleitet, daß zwei verschiedenartige Phasen aneinander vorbeiströmen und Stoff von der einen Phase zur anderen übergeht. Bei der Rektifikation (Abb. 52a) nimmt die *Dampfphase* mit ihrer größeren Menge G aus der *Flüssigkeitsphase* mit ihrer kleineren Menge R Leichtsiedendes L auf. Bei der Extraktion (Abb. 52b) geht der Stoff C aus der *Raffinatphase* mit der kleineren Menge R in die *Extraktphase* mit der größeren Menge G über. In der Rektifiziersäule verläßt die Destillatmenge $D = G - R$, in der Extraktionssäule die Extraktmenge $E = G - R$ oben den Kopf der

Kolonne, während bei der Rektifikation unten die Dampfmenge G eintritt und der Rücklauf R austritt und bei der Extraktionssäule unten das Lösungsmittel G zugeleitet und das Raffinat R abgeleitet wird. Bei beiden Säulen strömt die eine Phase von Zuständen höheren

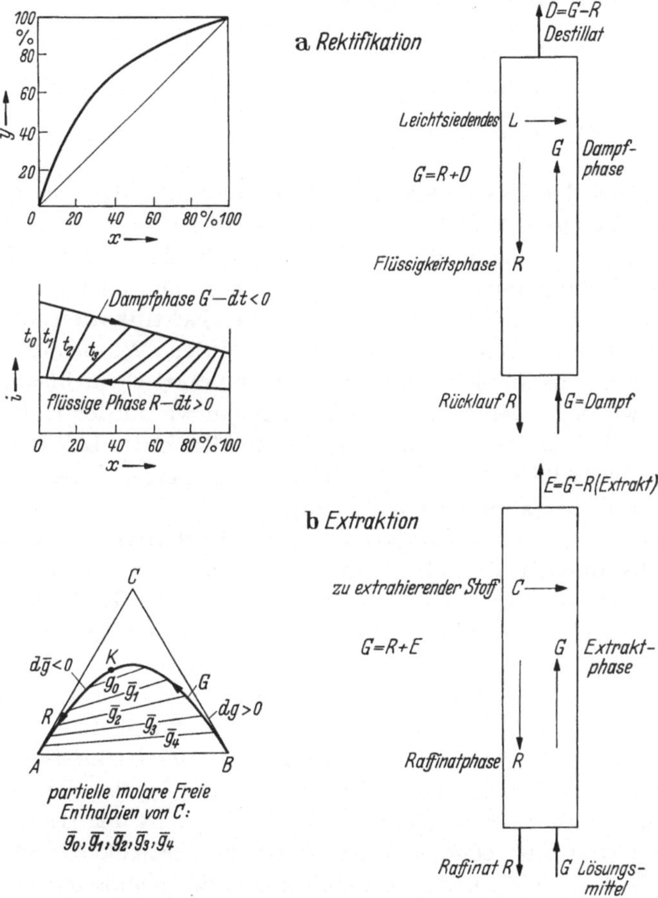

Abb. 52 a u. b. Vergleich zwischen Rektifikation und Extraktion

Potentials zu Zuständen niederen Potentials und die andere Phase umgekehrt von Zuständen niederen zu Zuständen höheren Potentials. In der zeichnerischen Darstellung kommt dies dadurch zum Ausdruck, daß im i-x-Diagramm des Zweistoffgemisches für den Dampf $dt < 0$ und für den Rücklauf $dt > 0$ ist und daß im Darstellungsdreieck mit Mischungslücke für die Extraktion $d\bar{g} < 0$ für die Raffinatphase und $d\bar{g} > 0$ für die Extraktphase ist. Während der Dampf G im Falle der Rektifikation durch seine teilweise Kondensation Flüssigkeit aus dem

Rücklauf R verdampft, wird bei der Extraktion infolge *Abnahme* der partiellen molaren Freien Enthalpie, $d\bar{g} < 0$, in der Raffinatphase R und die partielle molare Freie Enthalpie in der Extraktphase G *vergrößert, $d\bar{g} > 0$*. Zusammenfassend ergibt sich aus diesen Vergleichsbetrachtungen als Gesamtergebnis:

für die Rektifikation	*für die Extraktion*
$dt < 0$ in Phase G	$d\bar{g} < 0$ in Phase R
$dt > 0$ in Phase R	$d\bar{g} > 0$ in Phase G

Daß sich bei der Extraktion $d\bar{g} < 0$ in der Raffinatphase R mit der kleineren Menge R und bei der Rektifikation $dt < 0$ in der Dampfphase mit der größeren Menge G herausstellt, darf nicht befremden. Denn im Endergebnis haben wir in beiden Säulen eine Anreicherung eines Stoffes, des Leichtsiedenden L bei der Rektifikation und der zu extrahierenden Komponente C bei der Extraktion. Würde man *isotherm* rektifizieren, was an sich möglich ist, aber praktisch nicht ausgeführt wird, so würde in der Rektifiziersäule, genau wie in der Extraktionssäule, ebenfalls in der Dampfphase der Teildruck des Leichtsiedenden bzw. die partielle molare Freie Enthalpie $\bar{g}$ steigen, also $d\bar{g} > 0$ in der Phase G des aufsteigenden Dampfes.

In Abb. 53 ist nun im unteren Teil zur Erklärung der Anwendung des „Vollständigen Vierecks" auf den Extraktionsvorgang irgendein beliebiges Dreistoffgemisch ABC mit der von der Löslichkeitskurve AKB eingeschlossenen Mischungslücke und im oberen Teil das aus dem Dreieck herausgenommene „Vollständige Viereck" $1\,2\,3'\,2'$ dargestellt. Die Gegenstromextraktion verläuft in der durch das vollständige Viereck gegebenen Stufe in der Raffinatphase R von $3'$ nach $2'$ und in der Extraktphase G von 1 nach 2. Ferner möge K der kritische Punkt, $2 \div 2'$ und $3 \div 3'$ zwei Konnoden und q_1 und q_2 die die Stufe einschließenden Querschnittsgeraden sein. Wenn B als Entziehungsflüssigkeit (Solvens) benutzt wird, so ist die Löslichkeit von C in B größer als die von C in A. Deshalb müssen die Konnoden in der Mischungslücke von links nach rechts steigen, so daß im Punkt 2 der Extraktphase G der Gehalt an C größer ist als im Punkt $2'$ der Raffinatphase R und ebenso der Gehalt an C in 3 größer als in $3'$. Wie in Abb. 52 gezeigt wurde, muß die Menge G der Extraktphase größer sein als die Menge R der Raffinatphase, weil ja aus Kontinuitätsgründen die in die Säule eintretende Menge G gleich der Summe der aus der Säule austretenden Mengen E und R, $G = E + R$, sein muß. Auf Grund dieser Erkenntnisse kann man aus den beiden Punkten 1 und 2 der Extraktphase und aus den beiden zugehörigen Punkten $2'$ und $3'$ der Raffinatphase sowie aus den beiden Querschnittsstrahlen q_1 und q_2

ein vollständiges Viereck $1\,2\,3'\,2'$ mit den Nebenecken M_1, E und P konstruieren. Weil die Extraktphase G von unten nach oben und die Raffinatphase R im Gegenstrom von oben nach unten strömt und $G > R$ ist, so muß der Extraktionspol E außerhalb von $R_2'\,G_1$ auf der

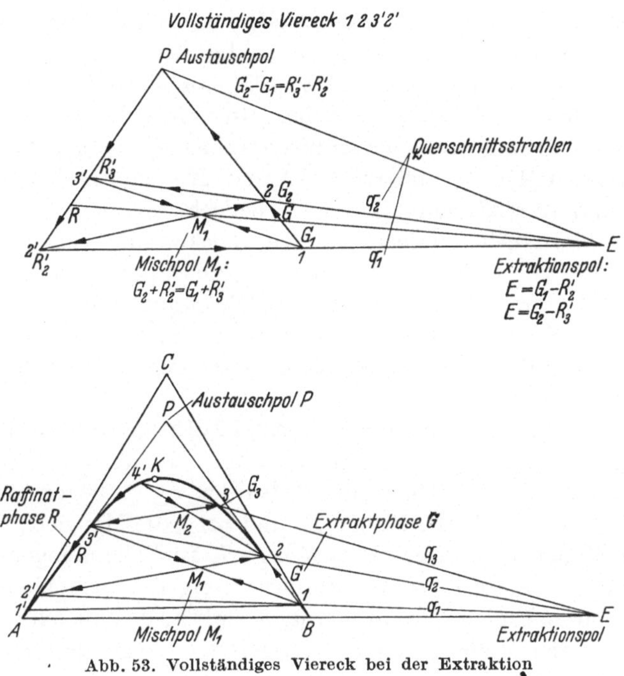

Abb. 53. Vollständiges Viereck bei der Extraktion

Seite der größeren Phase G_1 liegen. Der Austauschpol P befindet sich ebenfalls auf der Seite der größeren der beiden R. Es ist nämlich $G_2 > G_1$, weil die Menge der Extraktphase G_1 im Punkt 1 auf ihrem Wege $1 \div 2$ neben geringen Mengen der Komponente A vor allem größere Mengen des zu extrahierenden Stoffes C *aufgenommen* hat. Ebenso ist $R_3' > R_2'$, weil die Menge der Raffinatphase R_3' im Punkt 3' auf ihrem Wege $3' \div 2'$ neben geringen Mengen der Komponente B vor allem größere Mengen des zu extrahierenden Stoffes C *abgegeben* hat. Die auf der Konnode $(2 \div 2')$ liegenden Mengen G_2 im Punkt 2 der Extraktphase und R_2' im Punkte 2' der Raffinatphase sind entstanden aus R_3' im Punkt 3' der Raffinatphase und G_1 im Punkt 1 der Extraktphase. Daher muß für den diesen Vorgang darstellenden Mischpol M_1 die Bedingung gelten:

$$G_1 + R_3' = G_2 + R_2'$$

Schreibt man zusammenfassend die für die 3 Pole E, P und M_1

geltenden Gleichungen an, so findet man:

$$\text{für Extraktionspol } E: \quad G_1 - R_2' = G_2 - R_3' = E \quad \text{(a)}$$
$$\text{für Austauschpol } P: \quad G_2 - G_1 = R_3' - R_2' \quad \text{(b)} \qquad (128)$$
$$\text{für Mischpol } M_1: \quad G_1 + R_3' = G_2 + R_2' \quad \text{(c)}$$

Jede der für die 3 Pole E, P und M_1 angeschriebenen Gleichungen drückt physikalisch und geometrisch die dem entsprechenden Pol zugehörige Eigenschaft aus, aber rein algebraisch sind die drei Gln. (128a bis c) ein und dieselbe. Hiermit soll gesagt sein, daß *geometrisch* E die aus den Querschnittsstrahlen q_1 und q_2, P die aus den Phasengeraden $(1 \div 2)$ und $(2' \div 3')$ und M_1 die aus den Diagonalen $(1 \div 3')$ und $(2 \div 2')$ entstandene Nebenecke des vollständigen Vierecks ist. *Physikalisch* haben die Nebenecken die verschiedene Bedeutung des Extraktionspols E, des Austauschpols P und des Mischpols M_1. *Algebraisch* stellen diese 3 Gleichungen ein und dieselbe Beziehung zwischen den 4 Mengenwerten G_1, G_2, R_2', R_3' dar, nur in drei verschiedenen Formen, zweckentsprechend für jeden Pol, geschrieben.

An Hand des vollständigen Vierecks $1\,2\,3'\,2'$ (s. Abb. 53 oben) kann man nun anschaulich den Stoffübergang zwischen den Phasen verfolgen. In die von den Querschnittsstrahlen q_1, q_2 begrenzte Extraktionsstufe treten bei $3'$ die Menge R_3' und bei 1 die Menge G_1 ein, ferner bei $2'$ die Menge R_2' und bei 2 die Menge G_2 aus. Die Mengen mögen in Molen ausgedrückt sein. Zur Unterscheidung der verschiedenen partiellen molaren Freien Enthalpien $\bar{g}_3 = \partial g/\partial n_3$ des zu extrahierenden Stoffes C an den Stellen 1, 2 und 3 mögen noch folgende Festsetzungen getroffen werden:

auf der Konnode $1 \div 1'$: $\bar{g}_{31}$ gleichbleibend zwischen 1 und $1'$

auf der Konnode $2 \div 2'$: $\bar{g}_{32}$ gleichbleibend zwischen 2 und $2'$

auf der Konnode $3 \div 3'$: $\bar{g}_{33}$ gleichbleibend zwischen 3 und $3'$

In dem vollständigen Viereck stellt $2 \div 2'$ eine Konnode dar, auf der wegen der Gleichgewichtsbedingung bei $P = \text{const}$ und $T = \text{const}$ die partielle molare Freie Enthalpie $\bar{g}_{32}$ des Stoffes C für die beiden Phasenpunkte $2'$ der Raffinatphase und 2 der Extraktphase gleich sind. Die durch den Mischpol M_1 dargestellte Mischung ist aus den Mengen R_3' und G_1 entstanden und zerfällt von selbst in die beiden Phasenmengen R_2' der Raffinatphase und G_2 der Extraktphase. Da M_1 auf der Gleichgewichtsgeraden ($=$ Konnode) liegt, ist $d\bar{g}_{32} = 0$. Beim Zerfall wird weder Arbeit geleistet noch gewonnen, er wird auf der Konnode zeichnerisch angedeutet durch zwei von M_1 nach R_2' und G_2 zeigende Pfeile. In M_1 muß ferner gelten: $R_3' + G_1 = R_2' + G_2$. Für die Mengen gilt das Hebelgesetz:

$$R_2' \cdot \overline{R_2' M_1} = G_2 \cdot \overline{G_2 M_1}$$

Wie soeben erwähnt, ist die Menge $(R_2' + G_2)$ aus der Ausgangsmischung $(R_3' + G_1)$ entstanden. Zur Andeutung des Entstehens zeigen die Pfeile auf der Diagonalen $1 \div 3'$ von R_3' und G_1 auf den Mischpol M_1 hin. Die Diagonale $1 \div 3'$ ist keine Konnode oder Gleichgewichtsgerade im Gegensatz zu $2 \div 2'$. Der obere Punkt $3'$ liegt auf der Konnoden $3 \div 3'$ mit der partiellen molaren Freien Enthalpie $\bar{g}_{33}$, der Punkt M_1 liegt auf der Konnoden $2 - 2'$ mit der partiellen molaren Freien Enthalpie $\bar{g}_{31}$. Die Molmenge R_3' in $3'$ gelangt von dem Zustandspunkt der höheren partiellen molaren Freien Enthalpie $\bar{g}_{33}$ zu dem Zustandspunkt der niederen partiellen molaren Freien Enthalpie $\bar{g}_{32}$, während die Molmenge G_1 in 1 von dem Zustandspunkt der niederen partiellen molaren Freien Enthalpie $\bar{g}_{31}$ zu dem Zustandspunkt der höheren partiellen molaren Freien Enthalpie $\bar{g}_{32}$ gelangt. Mit der Abnahme der partiellen Freien Enthalpie $R_3'(\bar{g}_{33} - \bar{g}_{32})$, die von selbst erfolgt, geht gleichzeitig die an Betrag ebenso große Zunahme (Arbeitsgewinn) der partiellen Freien Enthalpie $G_1(\bar{g}_{32} - \bar{g}_{31})$ einher. Es müssen also sein:

$$R_3'(\bar{g}_{33} - \bar{g}_{22}) = G_1(\bar{g}_{32} - \bar{g}_{31})$$

oder

$$G_1 \dot{g}_{31} + R_3' \bar{g}_{33} = \bar{g}_{32}(G_1 + R_3') \tag{129}$$

Ferner ist auch:

$$\bar{g}_{32}(G_1 + R_3') = \bar{g}_{32}(G_2 + R_2')$$

Die Gl. (129) stellt nichts anderes dar als den Satz vom Schwerpunkt in der Mechanik [46] mit den Mengen G_1 und R_3', deren bezügliche Radienvektoren im vorliegenden Falle $\bar{g}_{31}$ und $\bar{g}_{33}$ sind und für die der Radiusvektor des Schwerpunktes M_1 gleich $\bar{g}_{32}$ ist. Wir wissen auch, die notwendige und zugleich die hinreichende Bedingung für den Fall, daß der Anfangspunkt, von dem wir in dieser Gleichung die Radienvektoren $\bar{g}_3$ rechnen, mit dem Schwerpunkt M_1 zusammenfällt, die Bedingung ist:

$$\sum G \bar{g}_3 = 0$$

Das heißt im vorliegenden Fall:

$$G_1 \bar{g}_{31} + R_3' \bar{g}_{33} = 0$$

oder

$$\frac{G_1}{R_3'} = -\frac{\bar{g}_{33}}{\bar{g}_{31}}$$

Nach Abb. 53 oben ist aber nach dem Hebelgesetz:

$$G_1 \cdot \overline{M_1 G_1} = R_3' \cdot \overline{M_1 R_3'}$$

oder

$$\frac{G_1}{R_3'} = \frac{\overline{M_1 R_3'}}{\overline{M_1 G_1}}$$

und hieraus

$$\frac{\overline{M_1 R_3'}}{\overline{M_1 G_1}} = - \frac{\bar{g}_{33}}{\bar{g}_{31}} \tag{130}$$

Das negative Zeichen rührt daher, daß auf dem Wege $\overline{R_3' M_1}$ Arbeit *gewonnen* und auf dem Wege $\overline{G_1 M_1}$ Arbeit *geleistet* wird. Bei der Rektifikation hatten wir in diesem Sinne einen *Kondensationsvorgang* (= Energiegewinn) und einen *Verdampfungsvorgang* (= Energieaufwand).

Der die Anreicherung der Extraktphase G_1 mit der C-Komponente darstellende Vektor $\overline{G_1 G_2}$ (s. Abb. 53 oben) ist der resultierende Vektor aus $\overline{G_1 M_1}$ und $\overline{M_1 G_2}$. $\overline{G_1 M_1}$ veranschaulicht die unter Arbeitsaufwand erfolgende Hebung der Menge G_1 vom niedrigeren Potential $\bar{g}_{31}$ auf das höhere $\bar{g}_{32}$, während der Vektor $\overline{M_1 G_2}$ den ohne Arbeitsaufwand stattfindenden Zerfall des heterogenen Gemisches M_1 in die Extraktphasenmenge G_2 veranschaulicht. Eine ähnliche Betrachtung kann für die Strecke $\overline{R_3' R_2'}$ der Raffinatphase angestellt werden. Der die Verarmung der Raffinatphase R_3' an der C-Komponente darstellende Vektor $\overline{R_3' R_2'}$ ist der resultierende Vektor aus $\overline{R_3' M_1}$ und $\overline{M_1 R_2'}$. $\overline{R_3' M_1}$ veranschaulicht die von selbst unter Arbeitsgewinn erfolgende Senkung der Menge R_3' vom höheren Potential $\bar{g}_{33}$ auf das niedrigere $\bar{g}_{32}$ und der Vektor $\overline{M_1 R_2'}$ den ebenfalls von selbst verlaufenden Zerfall des heterogenen Gemisches M_1 in die Raffinatphasenmenge R_2'. Die zum Übergang des zu extrahierenden Stoffes C erforderliche Arbeit wird also durch die Raffinatphase geliefert. Wenn die Konnode $2' \div 2$ in die Richtung von $3' \div 2 \div E$ fällt und somit M_1 auf den Querschnittsstrahl $R_3' G_2 E$ zu liegen kommt, kann kein Arbeitsgewinn durch Potentialgefälle mehr stattfinden, d. h. der Extraktionsvorgang kommt zum Stillstand.

Zum besseren Verständnis der hier behandelten Theorie des Vollständigen Vierecks bei der Extraktion sollen noch einige Aufgaben gestellt und gelöst werden.

30. Aufgabe. Warum ist Benzol als Lösungsmittel bei der Extraktion des Pyridins aus Pyridin-Wasser-Gemischen besser geeignet als bei der Extraktion der Essigsäure aus Essigsäure-Wasser-Gemischen? Benutze Abb. 50 und 51.

Lösung. Beide Dreistoffgemische besitzen infolge der stark beschränkten Löslichkeit von Wasser und Benzol eine nach der Wasser-Benzol-Seite offene Mischungslücke. Das Vorhandensein dieser gewährleistet jedoch noch nicht eine gute Extraktion. Wichtig für einen guten Erfolg ist weiterhin die Neigung der Konnoden zur Dreiecksseite

Wasser-Benzol. Beim Essigsäure-Wasser-Benzol-Gemisch der Abb. 50 liegen die Konnoden von links nach rechts stark fallend gegen die Wasser-Benzol-Seite AB geneigt, und zwar stärker als die Querschnittsstrahlen q_1, q_2, die vom Extraktionspol E ausgehen. Dieser Umstand bewirkt, daß bei gleicher partieller molarer Freier Enthalpie $\bar{g}_c$ des zu extrahierenden Stoffes C (= Essigsäure) in beiden Phasen der C-Gehalt in der Extraktphase Benzol-Essigsäure geringer ist als in der Raffinatphase Wasser-Essigsäure. Bei dem rechts von B (Benzol) liegenden Extraktionspol E kann demnach durch die Extraktphase keine Essigsäure aus dem Essigsäure-Wasser-Gemisch extrahiert werden. Da in der Mischungslücke Essigsäure-Wasser-Methylisobutylketon und in der Mischungslücke Essigsäure-Wasser-Isopropyläther [47] die Neigung der Konnoden umgekehrt von der Extraktphase zur Raffinatphase gerichtet ist, so sind Methylisobutylketon und Isopropyläther gut geeignet für die Extraktion von Essigsäure aus Essigsäure-Wasser-Gemischen.

Beim Pyridin-Wasser-Benzol-Gemisch liegen die Konnoden sehr günstig. Oberhalb 40 Gew.-% sind die Konnoden schwach nach der Benzolseite geneigt, unterhalb von 40 Gew.-% steigen sie, wie aus der Schichtenzuordnungskurve in Abb. 51 hervorgeht, von links unten nach rechts oben an.

31. Aufgabe. Das Zweistoffgemisch Pyridin-Wasser besitzt einen Minimumsiedepunkt von 92,6° C bei 760 mm Hg. Reines Pyridin siedet bei 115,5° C und Wasser bei 100° C. Die Zusammensetzung des ausgezeichneten Gemisches beträgt 57 Gew.-% Pyridin und 43 Gew.-% Wasser. Zur wirtschaftlichen Gewinnung von reinem Pyridin verwendet man wegen des azeotropen Punktes am besten eine Kaltextraktion mit Benzol und eine nachfolgende Rektifikation des Pyridin-Benzol-Extraktes. Erläutere die Bedingungen für eine gute Kaltextraktion bei 25° C an Hand von Abb. 51.

Lösung. Das Extraktionsverfahren muß so ausgebildet werden, daß unten an der Säule als Raffinat ein fast pyridinfreies Wasser und oben als Extrakt ein nahezu wasserfreies Benzol die Säule verläßt. Die genaue Lage des Extraktionspols E ergibt sich aus den beiden Forderungen, daß einerseits der aus der Säule oben austretende Extrakt ein möglichst wasserfreies Pyridin-Benzol-Gemisch und andererseits das oben eintretende Pyridin-Wasser-Gemisch benzolfrei sein soll. Diesen Forderungen wird genügt, wenn ein Extrakt mit 24 Gew.-% Pyridin die Säule oben verläßt und ein Pyridin-Wasser-Gemisch mit einem Wassergehalt von 60 Gew.-% oben eintritt. Die Verlängerung der Verbindungsgeraden dieser Punkte, 60% A auf CA und 24% C auf CB, über den Punkt 24% C hinaus trifft die Verlängerung von AB

über B hinaus in dem Extraktionspol E. Durch Zeichnung oder Rechnung findet man $BE = 0,9$ (s. Abb. 51). Um die Forderung eines möglichst pyridinfreien Wassers zu erfüllen, muß das ablaufende Wasser 0,2%, 0,1% oder einen noch geringeren Pyridingehalt besitzen. Zur Erfüllung der von der Praxis gestellten strengen Bedingungen muß man sich eines auf der Anwendung der Schichtenzuordnungskurve beruhenden analytischen Rechenverfahrens bedienen, das in der nächsten Aufgabe entwickelt werden soll.

32. Aufgabe. Entwickle unter Benutzung des vollständigen Vierecks und der Schichtenzuordnungskurve für Dreistoffgemische mit Mischungslücke ein allgemeingültiges analytisches Rechenverfahren zur Bestimmung der theoretischen Extraktionsstufen für sehr kleine Gehalte des zu extrahierenden Stoffes in der ablaufenden Raffinatphase. Zeige die Anwendung der erhaltenen Rechenvorschrift beim Pyridin-Wasser-Benzol-Gemisch der Abbildung 51.

Lösung. In Abb. 54 b ist zur besseren Verfolgung des Berechnungsganges das Doppeldreieck ABC und ABD für Dreistoffgemische

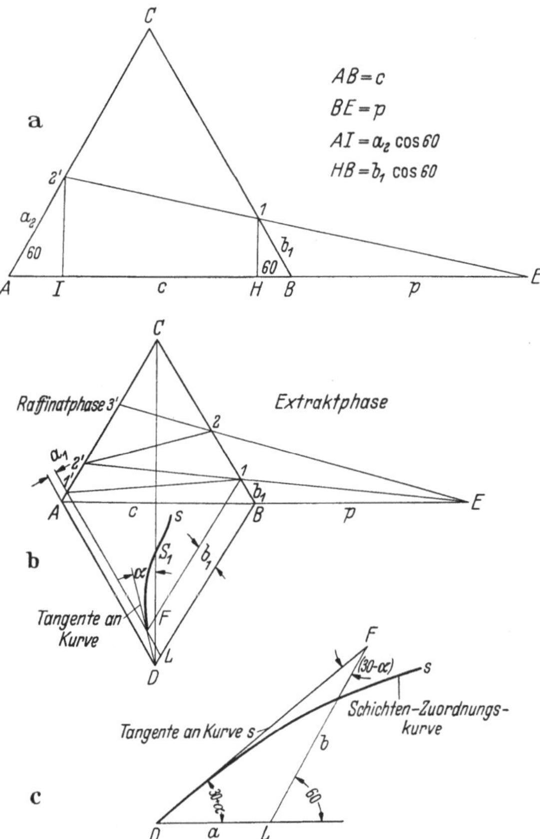

Abb. 54a—c. Erklärungsskizzen zur analytischen Berechnung der untersten Extraktionsstufen (zu Aufgabe 32)

skizziert. Es soll ferner angenommen werden, daß die Löslichkeitskurve in ihrem Unterteil praktisch mit den Dreiecksseiten CA und CB wie beim Dreistoffgemisch Pyridin (C)-Wasser (A)-Benzol (B) zusammenfällt. Die Schichtenzuordnungskurve DS_1S möge durch Laboratoriumsversuche gefunden sein. Die Gerade DF stelle die Tangente an die Kurve im Endpunkt D dar. Will man in der Nähe der Grundlinie AB

eine Konnode, etwa $1' \div 1$, konstruieren, so darf man den letzten Teil der Schichtenzuordnungskurve in der Nähe von D durch ihre Tangente FD in D ersetzen. Will man also zu einem Punkt $1'$ der Raffinatphase, die hier als mit der Dreiecksseite CA zusammenfallend aufgefaßt werden kann, den zugehörigen Punkt 1 der Extraktphase finden, so zieht man durch $1'$ eine Parallele zu AD, welche die Tangente an die Schichtenzuordnungskurve in F schneidet, und dann durch F eine Parallele zu DB, welche die Dreiecksseite CB (als Anfang der Extraktphase aufgefaßt) in 1 schneidet. Zur Konstruktion der in unmittelbarer Nähe von AB liegenden Konnoden darf also das Dreieck FDL (Abb. 54b) benutzt werden. In diesem ist $DL = a$ der Gehalt an Stoff C in der Raffinatphase und $FL = b$ der Gehalt an Stoff C in der Extraktphase. Wenn α den Neigungswinkel der Kurventangente gegen die Symmetrieachse CD im Punkt D bedeutet, so ist Winkel $FDL = \alpha + 30$. In Abb. 54c ist das Dreieck FDL, um $60°$ rechtsherum gedreht, in vergrößertem Maßstabe herausgezeichnet. Man liest aus der Abbildung leicht ab:

$$\varphi = \frac{a}{b} = \frac{\sin(30 - \alpha)}{\sin(30 + \alpha)} = \frac{1 - \sqrt{3}\,\mathrm{tg}\,\alpha}{1 + \sqrt{3}\,\mathrm{tg}\,\alpha} \tag{131}$$

Da für ein gegebenes System „α" gegeben und für die weitere Rechnung konstant ist, soll das Verhältnis a/b mit φ bezeichnet werden. Für die Konnode $1' \div 1$ gilt:

$$\varphi = \frac{a_1}{b_1} = \frac{A\,1'}{B\,1} \tag{132}$$

Für die verschiedenen Systeme sind φ und α natürlich verschieden. α schwankt zwischen $\alpha = 30°$ und $\alpha = 0°$. Somit gilt für φ:

$$1 > \varphi > 0$$

Durch $B1 = b_1$ ist nun der vom Extraktionspol E des vollständigen Vierecks ausgehende Querschnittsstrahl $E\,12'$ bestimmt und dadurch eine geometrische Beziehung zwischen $b_1 = B1$ und $a_2 = A\,2'$ festgelegt. Aus der Ähnlichkeit der beiden Dreiecke $2'IE$ und $1HE$ in Abb. 54a folgt:

$$\frac{I\,2'}{H\,1} = \frac{E\,I}{E\,H}$$

Ferner ist:

$$\frac{I\,2'}{H\,1} = \frac{a_2 \sin 60}{b_1 \sin 60} = \frac{a_2}{b_1}$$

$$\frac{E\,I}{E\,H} = \frac{(c + p) - a_2 \cos 60}{p + b_1 \cos 60} = \frac{(c + p) - \dfrac{a_2}{2}}{p + \dfrac{b_1}{2}}$$

Durch Gleichsetzung der beiden Gleichungen ergibt sich:

$$\frac{a_2}{b_1} = \frac{(c + p) - \dfrac{a_2}{2}}{p + \dfrac{b_1}{2}}$$

und schließlich:

$$\frac{c + p}{a_2} - \frac{p}{b_1} = 1$$

Setzt man in die letzte Gleichung für b_1 aus Gl. (132)

$$b_1 = \frac{a_1}{\varphi}$$

ein, so erhält man:

$$\frac{c + p}{a_2} - \frac{p\,\varphi}{a_1} = 1$$

oder etwas umgeordnet:

$$a_1 = \frac{p\,\varphi}{\dfrac{c + p}{a_2} - 1}$$

Man kann also mit dem a_2 der vorangegangenen Stufe das a_1 der nachfolgenden berechnen. Ganz allgemein kann dies ausgedrückt werden:

$$\left.\begin{aligned}
a_{n-1} &= \frac{p\,\varphi}{\dfrac{c + p}{a_n} - 1} \\[2ex]
a_{n-2} &= \frac{p\,\varphi}{\dfrac{c + p}{a_{n-1}} - 1} \\[2ex]
a_{n-3} &= \frac{p\,\varphi}{\dfrac{c + p}{a_{n-2}} - 1}
\end{aligned}\right\} \tag{133}$$

Diese analytische Berechnung der a-Werte in der Raffinatphase kann, wie oben schon erwähnt wurde, nur für ganz kleine a-Werte benutzt werden, wenn das Ende der Schichtenzuordnungskurve durch die Tangente im Punkt D ersetzt werden darf. Bei größeren Werten von a liefert ja auch die Zeichnung zuverlässige Ergebnisse. Man kann wohl sagen, daß das rechnerische Verfahren für $a_n \leqq 0{,}02$ zu benutzen ist. Bei solchen Werten von a_n ist aber im Nenner von Gl. (133) die 1 gegenüber $(c + p)/a_n$ zu vernachlässigen. Beispielsweise wird für $c = 1$ und $p = 1$:

$$a_{n-1} = \frac{p\,\varphi}{\dfrac{2}{0{,}02} - 1} = \frac{p\,\varphi}{100 - 1} = \frac{p\,\varphi}{99}$$

Mit dieser vereinfachenden Maßnahme können die Gln. (133) geschrieben werden:

$$a_{n-1} = \frac{p\,\varphi}{c+p}\,a_n$$
$$a_{n-2} = \frac{p\,\varphi}{c+p}\,a_{n-1} \left.\right\} \quad (134)$$
$$a_{n-3} = \frac{p\,\varphi}{c+p}\,a_{n-2}$$

Führt man die Kenngröße r ein:

$$r = \varphi\,\frac{1}{\dfrac{c}{p}+1} \qquad (135)$$

so ist:

$$a_{n-1} = a_n\,r$$
$$a_{n-2} = a_{n-1}\,r \quad = a_n\,r^2$$
$$a_{n-3} = a_{n-2}\,r \quad = a_n\,r^3 \left.\right\} \quad (136)$$
$$\vdots \qquad \vdots \qquad \vdots$$
$$a_{n-k} = a_{n-k+1}\,r = a_n\,r^k$$

Man sieht, daß das Verhältnis a_{n-k}/a_n mit der k-ten Potenz von r fortschreitet:

$$\frac{a_{n-K}}{a_n} = r^k \qquad (137)$$

Da $a_{n-k} < a_n$ und $r < 1$ ist, schreibt man die obige Formel besser:

$$\frac{a_n}{a_{n-K}} = \left(\frac{1}{r}\right)^K$$

und

$$k = \frac{\log\left(\dfrac{a_n}{a_{n-K}}\right)}{\log\left(\dfrac{1}{r}\right)} \qquad (138)$$

Für das Pyridin-Wasser-Benzol-Gemisch ist beispielsweise (s. Abb. 51):

$$\mathrm{tg}\,\alpha = 0{,}318$$
$$c = 1$$
$$p = 1{,}125$$
$$\varphi = \frac{1 - \sqrt{3}\,\mathrm{tg}\,\alpha}{1 + \sqrt{3}\,\mathrm{tg}\,\alpha} = \frac{1 - 1{,}73 \cdot 0{,}318}{1 + 1{,}73 \cdot 0{,}318} = \frac{1 - 0{,}55}{1 + 0{,}55} = 0{,}29$$

Nach Gl. (135) wird:

$$r = \varphi\,\frac{1}{\dfrac{c}{p}+1} = 0{,}29 \cdot \frac{1}{1{,}89} = 0{,}153$$
$$\frac{1}{r} = 6{,}55$$

Nach Gl. (138) wird:

$$k = \frac{\log\left(\dfrac{a_n}{a_{n-K}}\right)}{\log\dfrac{1}{r}} = \frac{\log\left(\dfrac{a_n}{a_{n-K}}\right)}{0{,}8162}$$

Bis zu $a_n = 0{,}02$ ($= 2\%$) werden die theoretisch erforderlichen Stufen zeichnerisch (mit vollständigen Vierecken), die weiteren Stufen werden nach obiger Formel berechnet.

$$
\begin{aligned}
a_n &= 0{,}02 & (= 2\%) \qquad & k = 0 \quad \text{Zusatzstufen}\\
a_{n-1} &= 0{,}003\,06 & (= 0{,}306\%) \qquad & 1 \quad \text{Zusatzstufe}\\
a_{n-2} &= 0{,}000\,466 & (= 0{,}0466\%) \qquad & 2 \quad \text{Zusatzstufen}\\
a_{n-3} &= 0{,}000\,071 & (= 0{,}0071\%) \qquad & 3 \quad \text{Zusatzstufen}
\end{aligned}
$$

Für eine Polweite $p = 2$ statt 1,125 des Extraktionspols E wird $r = 0{,}19$ und $1/r = 5{,}25$. Hierfür wird bei $k = 2$ Zusatzstufen $a_{n-2} = 0{,}0725\%$ statt $0{,}0466\%$. Diese Tatsache ist leicht einzusehen: Wenn nämlich p wächst, so ist die Lösungsmittelmenge in der Extraktphase kleiner, und die Abnahme des zu extrahierenden Stoffes C in der Raffinatphase erfolgt langsamer. Wenn die Lösungsmittelmenge gleich der ablaufenden Raffinatphasenmenge wird, so ist $p = \infty$. Dann wird für $k = 2$ der Wert $a_{n-2} = 0{,}168\%$.

33. Aufgabe. 10000 kg Pyridin-Wasser-Gemisch mit 40 Gew.-% Pyridin sollen getrennt werden. Berechne den Dampfverbrauch bei diskontinuierlicher Destillation unter Atmosphärendruck mit Benzol als Wasserschlepper und bei Kaltextraktion (25° C) des Pyridins mittels Benzol mit nachfolgender kontinuierlicher Destillation des Pyridin-Benzol-Gemisches unter Atmosphärendruck. Wie groß ist das Verhältnis des Dampfverbrauches beider Trennverfahren? Das Anheizen beider Apparaturen soll hierbei nicht berücksichtigt werden.

Lösung. 1. Diskontinuierliche Destillation mit Benzol. Durch Hinzufügen von Benzol entsteht aus dem Pyridin-Wasser-Gemisch das Dreistoffgemisch Pyridin-Wasser-Benzol. Von den 3 Komponentengemischen Pyridin-Benzol, Pyridin-Wasser, Wasser-Benzol besitzen nur 2 Zweistoffgemische unter Atmosphärendruck einen Minimumsiedepunkt, und zwar:

Pyridin-Wasser bei $t = 92{,}6°$ C

Wasser-Benzol bei $t = 69°$ C

Das dritte Zweistoffgemisch Pyridin-Benzol ist ein Idealgemisch ohne azeotropen Punkt. Aus diesen Angaben folgt, daß das Dreistoffgemisch Pyridin-Wasser-Benzol keinen ternären Siedepunkt besitzt und bei der Trennung in einer Rektifiziersäule das Zweistoffgemisch mit dem niedrigeren Minimumsiedepunkt, also Wasser-Benzol, bei $t = 69°$ C den Kopf der Kolonne verläßt. Dieser Dampf enthält 91 Gew.-% Benzol und 9 Gew.-% Wasser. Da sich in der Blase $0,6 \cdot 10000$ kg $= 6000$ kg Wasser befinden, müssen zum Herausschleppen dieser

$B = 6000 \cdot 91/9 = 60667$ kg Benzol mitverdampft werden. Dieses Benzol-Wasser-Gemisch von 66667 kg wird im Rücklaufkondensator bei $t = 69°$ C verflüssigt. Da die Trennung des praktisch unlöslichen Benzol-Wasser-Gemisches erfahrungsgemäß besser bei niedrigen als bei hohen Temperaturen

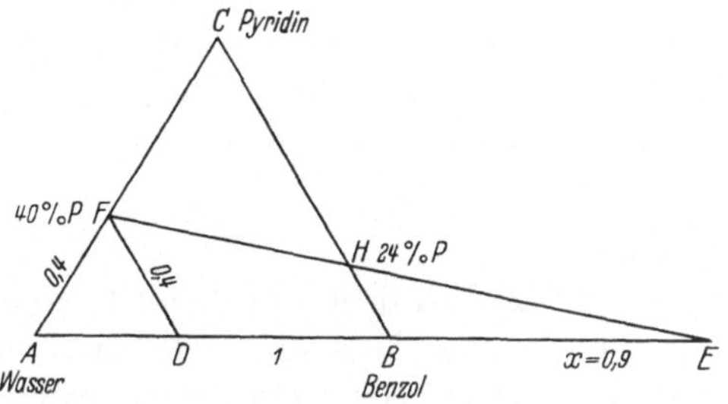

Abb. 55. Erklärungsskizze zu Aufgabe 33 (Pyridin-Wasser-Extraktion)

vonstatten geht, wird es in einem Destillatkühler von 69° C auf 35° C abgekühlt und dann in einem Scheidegefäß in die Benzolphase und in die Wasserphase geschieden. Aus dem Scheidegefäß kommend muß das praktisch reine Benzol, das in die Kolonne zurückläuft, auf ihrem obersten Boden wieder von 35° C auf 69° C um 34° C erwärmt werden. Bei einer spezifischen Wärme des Benzols von $c_1 = 0,44$ kcal/kg °C werden hierzu gebraucht:

$$Q_1 = 60667 \cdot 0,44 \cdot 34 = 907578 \text{ kcal}$$

Ferner mußten zum Verdampfen von 6000 kg Wasser und 60667 kg Benzol aufgewendet werden bei den Verdampfungswärmen:

$$\text{des Benzols} \quad r_1 = 94,2 \text{ kcal/kg}$$
$$\text{des Wassers} \quad r_2 = 539 \text{ kcal/kg}$$
$$Q_2 = 6000 \cdot 539 + 60667 \cdot 94,2 = 8948831 \text{ kcal}$$

Insgesamt wurden demnach aufgewendet:

$$Q = Q_1 + Q_2 = 907578 + 8948831 = 9856409 \text{ kcal}$$

Bei Anwendung von Dampf 16 ata mit einer Verdampfungsenthalpie $r_0 = 463$ kcal/kg für die Blasenheizung sind demnach erforderlich:

$$G_1 = \frac{9856409}{463} = 21288 \text{ kg Dampf}$$

2. **Kaltextraktion mit darauffolgender Destillation.** Zur Bestimmung der erforderlichen Benzolmenge für die Extraktion hat man bei gegebenen Werten von 40 Gew.-% Pyridin in der Raffinatphase und 24 Gew.-% Pyridin in der Extraktphase zunächst den Extraktionspol E zu bestimmen:

Wie auf Abb. 55 skizziert, kann die Lage von E leicht errechnet werden:

Aus den ähnlichen Dreiecken FED und HEB ergibt sich:

$$\frac{0,4}{0,24} = \frac{1 + x - 0,4}{x}$$

Hieraus findet man: $x = 0,9$

Wenn unten aus der Extraktionssäule pyridinfreies Wasser, also 6000 kg Wasser, austreten sollen, so folgt aus der Abb. 55 für die unten zuzuführende Benzolmenge B nach dem Hebelgesetz:

$$B = \frac{6000 \cdot 1,9}{0,9} = 12\,667 \text{ kg Benzol}$$

Das aus der Extraktionssäule austretende Extraktgemisch, 24 Gew.-% Pyridin, 76 Gew.-% Benzol, soll mit diesen 24% alles Pyridin ($= 4000\,\text{kg}$) enthalten. Der Siedepunkt des Gemisches liegt bei 90° C. Der Extrakt von 25° C muß demnach um $\varDelta t_2 = 90 - 25 = 65°$ C erwärmt werden. Mit einer spezifischen Wärme des Benzols von $c_1 = 0,44$ kcal/kg °C und einer spezifischen Wärme des Pyridins von $c_3 = 0,44$ kcal/kg °C sind für diese Erwärmung nötig:

$$Q_3 = (12\,667 \cdot 0,44 + 4000 \cdot 0,44) \cdot 65 = 476\,676 \text{ kcal}$$

Wegen des hohen Gehaltes (76 Gew.-%) an Leichtsiedendem kann das aus der Extraktionssäule kommende und auf 90° C erwärmte Pyridin-Benzol-Gemisch mit dem kleinen Rücklaufverhältnis $v_d = 1,0$ in einer Rektifiziersäule getrennt werden. Die zur Verdampfung von Erzeugnisdestillat Benzol und Rücklaufdestillat Benzol aufzuwendende Wärme beträgt:

$$Q_4 = B(v + 1)\,r_1 = 12\,667 \cdot 2 \cdot 94,2 = 2\,386\,463 \text{ kcal}$$

Der gesamte Wärmeaufwand ist:

$$Q = Q_3 + Q_4 = 476\,676 + 2\,386\,463 = 2\,863\,139 \text{ kcal}$$

Der Dampfverbrauch bei einer Verdampfungsenthalpie des Heizdampfes von $r_0 = 463$ kcal/kg bei 16 ata beträgt:

$$G_2 = \frac{2\,863\,139}{463} = 6184 \text{ kg Dampf}$$

Das Verhältnis des Dampfverbrauches G_1 bei der diskontinuierlichen Destillation zum Dampfverbrauch G_2 bei der Extraktion mit nachfolgender kontinuierlicher Pyridin-Benzol-Destillation beträgt somit:

$$\varphi = \frac{G_1}{G_2} = \frac{21\,288}{6184} = 3,44$$

Der gewaltige Unterschied im Dampfverbrauch der beiden Trennarten beruht darauf, daß beim Extraktions-Destillationsverfahren kein Wasser mit der hohen Verdampfungsenthalpie von $r_2 = 539$ kcal/kg zu verdampfen ist und daß ferner die geringere Benzolmenge $12\,667 \cdot 2 = 25\,334$ kg gegenüber 60 667 kg Benzol im anderen Verfahren zu verdampfen ist.

III. Schlußbetrachtungen über das Vollständige Viereck im Dienste des Wärme- und Stoffaustausches

Die obigen Ausführungen haben gezeigt, daß die Benutzung des Vollständigen Vierecks für die Darstellung des Wärme- und Stoffaustausches in natürlicher und zwangloser Weise immer zweckmäßig ist, wenn ein Austausch zwischen 2 Phasen und 2 Querschnitten im Gegenstrom stattfindet.

Man kann dann in einem x-y-Diagramm die beiden kurzen Wegstücke $G_1 G_2$ in der Phase g und $F_1 F_2$ in der Phase f als Gerade betrachten, die sich in dem augenblicklichen Austauschpol A schneiden (s. Abb. 56). Hier haben die g- und f-Phase den gleichen y-Wert. Von A aus als Zentrum werden mit Strahlen die Phasenpunkte G_2, F_2 im Querschnitt q_2 und $G_1 F_1$ im Querschnitt q_1 projiziert. Die Austauschpolstrahlen g und f legen die Richtungen der Gegenstrom-Phasenwege zueinander fest und bestimmen somit in den Querschnitten q_1, q_2 während des Gegenstromablaufes x die Entfernung der Phasenpunkte G und F. Während der Austausch-

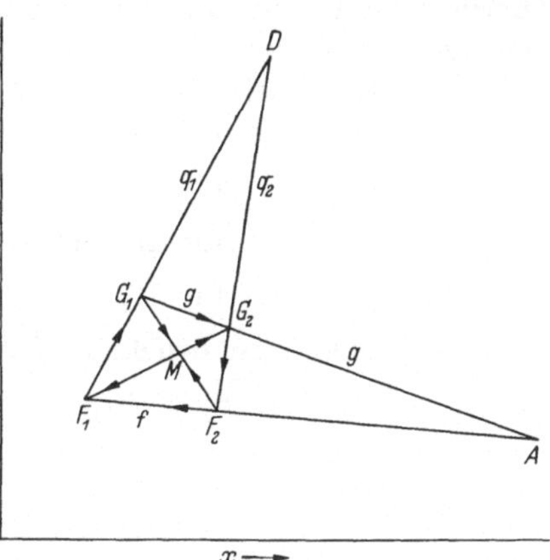

Abb. 56. Allgemeine Benutzung des Vollständigen Vierecks beim Gegenstrom-Stoffaustausch in 2 Phasen (x-y-Diagramm)

pol A für den Weg der im Gegenstrom aneinander vorbeiziehenden Phasen g und f verantwortlich ist, ist der Rücklaufpol D das Zentrum der Querschnittsstrahlen q_1, q_2 maßgebend für die Strömung im Querschnitt q_1 vom Phasenpunkt F_1 der Phase f zum Phasenpunkt G_1 der Phase g und für die entgegengesetzte Strömung im Querschnitt q_2 vom Phasenpunkt G_2 der Phase g zum Phasenpunkt F_2 der Phase f. Über den Mischpol M, der den Schnittpunkt der Diagonalen $F_1 G_2$ und $F_2 G_1$ darstellt, erfolgt durch das Zwischenphasengebiet einerseits die Umsetzung des Stoffes vom Phasenpunkt G_1 in den Phasenpunkt G_2 der g-Phase und andererseits die Umsetzung des Stoffes vom Phasenpunkt F_2 in den Phasenpunkt F_1 der f-Phase. Die Diagonale $F_1 G_2$ ist hierbei eine Gleichgewichtsgerade, auf der ohne Zuführung oder Abführung von molarer Freier Enthalpie ($\Delta G = 0$) die durch M dargestellte Mischung von selbst zerfällt. Die andere Diagonale $G_1 F_2$ ist keine Gleichgewichtsgerade. Auf ihr gelangt Stoff der durch G_1 dargestellten g-Phase unter Energieabgabe ($\Delta G < 0$) zum Pol M im

Mischgebiet, während gleichzeitig durch die auf dem Wege $G_1 M$ frei werdende Energie der Stoff der durch F_2 dargestellten f-Phase auf dem Wege $F_2 M$ nach P gebracht wird. G_1 liegt auf einer Gleichgewichtsgeraden von höherem, F_2 auf einer solchen von niedrigerem y-Wert als M. Hier erkennt man, wie gemäß dem zweiten Hauptsatz der Thermodynamik der Energieaustausch vom höheren zum niedrigeren Potential stattfindet. Die Gleichgewichtsgeraden, wie $F_1 G_2$, sind Geraden, die durch eine Intensivgröße, wie Temperatur T, Teildruck p oder partielle molare Freie Enthalpie $\bar{g}$, gekennzeichnet sind. Während beim Wandern des Stoffes von G_1 nach M der zweite Hauptsatz der Thermodynamik in Erscheinung tritt, kommt in den 3 Nebeneckpunkten des Vollständigen Vierecks, dem Rücklaufpol D, dem Austauschpol A und dem Mischpol M, für die Gleichgewichtsbetrachtungen der erste Hauptsatz in Gestalt von Stoffbilanzen zum Ausdruck:

$$\text{für } D: \quad G_1 - F_1 = G_2 - F_2$$
$$\text{für } A: \quad G_2 - G_1 = F_2 - F_1$$
$$\text{für } M: \quad F_1 + G_2 = G_1 + F_2$$

Diese 3 Gleichungen drücken nichts anderes aus als das Gesetz von der Erhaltung der Massen.

Schrifttum

[1] CLAPEYRON, J.: École Polytechn. Bd. 14, S. 170.

[2] GIBBS, W.: On the equilibrium of heterogeneous substances. Trans. Conn. Acad. of Sciences. Vol. III, deutsche Übersetzung, besorgt von W. Ostwald. Leipzig 1892.

[3] VAN DER WAALS: Kontinuität des gasförmigen und flüssigen Zustandes. Leipzig 1899.

[4] KORTEWEG, D. J.: S.-B. Akad. Wiss. Wien, math.-naturwiss. Kl. 98.

[5] MOLLIER, R.: Ein neues Diagramm für Dampf-Luftgemische. Z. VDI Bd. 67 (1923) S. 869—872.

[6] BOŠNJAKOVIĆ, FR.: Technische Thermodynamik I u. II. Dresden: Steinkopff 1930 u. 1937.

[7] REYE, TH.: Die Geometrie der Lage I, S. 35. Leipzig: Kröner 1923.

[8] REYE, TH.: Die Geometrie der Lage I, S. 48. Leipzig: Kröner 1923.

[9] HAHN, OTTO: Frankf. Neue Presse v. 21. 2. 1959, S. 15.

[10] DESARGUES: Brouillon project 1639.

[11] PONCELET: Traité des Propriétés projectives des figures. Paris 1822; 2. Aufl. Paris 1865/66.

[12] MOEBIUS, A. F.: Der barycentrische Calcul. Leipzig 1827.

[13] STEINER, J.: Systematische Entwicklung der Abhängigkeit geometrischer Gestalten voneinander. Berlin 1832.

[14] CHASLES, M.: Traité de géométrie supérieure. Paris 1852 — Traité des sections coniques. Paris 1865.

[15] v. STAUDT: Geometrie der Lage. Nürnberg 1847 — Beiträge zur Geometrie der Lage. Nürnberg 1856/57, 1860.

[16] MÜLLER-POUILLET: Lehrbuch der Physik I, 2. Buch, Die Akustik, S. 632. Vieweg und Sohn 1906.

[17] REYE, TH.: Die Geometrie der Lage I, S. 35. Leipzig: Kröner 1923.

[18] CARNOT, S.: Géométrie de Position, p. 120. Paris 1803.

[19] Hütte: Des Ingenieurs Taschenbuch, 28. Aufl., S. 62. Berlin: Ernst & Sohn 1955.

[20] REYE, TH.: Die Geometrie der Lage I, S. 35. Leipzig: Kröner 1923.

[21] REYE, TH.: Die Geometrie der Lage I, S. 37. Leipzig: Kröner 1923.

[22] REYE, TH.: Die Geometrie der Lage I, S. 63ff. Leipzig: Kröner 1923.

[23] Hütte: Des Ingenieurs Taschenbuch, 28. Aufl., S. 88. Berlin: Ernst & Sohn 1955.

[24] REYE, TH.: Die Geometrie der Lage I, S. 41. Leipzig: Kröner 1923.

[25] DESARGUES: Brouillon project 1639 (in DESARGUES: Oeuvres réunies et analysées par Poudra, 2 vls. Paris 1864).

[26] KOWALEWSKI, G.: Die komplexen Veränderlichen und ihre Funktionen, S. 10. Leipzig u. Berlin: Teubner 1923.

[27] LIOUVILLE: Journ. de Mathématiques, I^e série, T. XII, p. 265.

[28] BOŠNJAKOVIĆ, FR.: Technische Thermodynamik II, S. 117. Dresden: Steinkopff 1937.

[29] BOŠNJAKOVIĆ, FR.: Technische Thermodynamik II, S. 117, Gl. 262. Dresden: Steinkopff 1937.

[30] v. Staudt: Geometrie der Lage. Nürnberg 1847.

[31] Kirschbaum, E.: Destillier- und Rektifiziertechnik, S. 128. Berlin/Göttingen/Heidelberg: Springer 1950.

[32] Bošnjaković, Fr.: Technische Thermodynamik II, S. 123, Gl. 274. Dresden: Steinkopff 1937.

[33] Bošnjaković, Fr.: Technische Thermodynamik II, S. 126. Dresden: Steinkopff 1937.

[34] Kirschbaum, E.: Destillier- und Rektifiziertechnik, S. 125. Berlin/Göttingen/Heidelberg: Springer 1950.

[35] Kirschbaum, E.: Destillier- und Rektifiziertechnik, S. 128. Berlin/Göttingen/Heidelberg: Springer 1950.

[36] Liouville: Journ. de Mathématiques, Iᵉ série, T. XII, p. 265.

[37] Kirschbaum, E.: Destillier- und Rektifiziertechnik, S. 109. Berlin/Göttingen/Heidelberg: Springer 1950, — Thormann, K.: Destillieren und Rektifizieren, S. 38. Leipzig: Spamer 1928.

[38] Hütte: Des Ingenieurs Taschenbuch, 28. Aufl., S. 134. Berlin: Ernst & Sohn 1955.

[39] Matz, W.: Die Thermodynamik des Wärme- und Stoffaustausches in der Verfahrenstechnik, S. 217. Darmstadt: Steinkopff 1949.

[40] Ulich-Jost: Kurzes Lehrbuch der Physikalischen Chemie, S. 133. Darmstadt: Steinkopff 1954.

[41] Coolidge, A. S.: International Critical Tables, S. 398—400.

[42] Ulich-Jost: Kurzes Lehrbuch der Physikalischen Chemie, S. 95. Darmstadt: Steinkopff 1954.

[43] Ulich-Jost: Kurzes Lehrbuch der Physikalischen Chemie, S. 95. Darmstadt: Steinkopff 1954.

[44] Schmidt, E.: Einführung in die technische Thermodynamik, S. 26. Berlin: Springer 1936.

[45] Lewis-Randall: Thermodynamik, S. 174. Wien: Springer 1927.

[46] Föppl, A.: Vorlesungen über Technische Mechanik, Bd. 1, S. 161 ff. Leipzig: Teubner 1911.

[47] American Institute of Chemical Engineers, Annual Student Competition 1940, S. 593—655.

Namen- und Sachverzeichnis